浙江省“十三五”优势专业（经济统计学）、浙江省一流学科（统计学）、浙江省优势特色学科（统计学）建设成果之一

应用时间序列分析实验教程

——基于Stata软件

张昭时　编著

·杭州·

图书在版编目(CIP)数据

应用时间序列分析实验教程:基于Stata软件 / 张昭时编著. —杭州:浙江工商大学出版社, 2020.11(2023.1重印)

ISBN 978-7-5178-4181-4

Ⅰ. ①应… Ⅱ. ①张… Ⅲ. ①时间序列分析—实验—高等学校—教材 Ⅳ. ①O211.61-33

中国版本图书馆CIP数据核字(2020)第230429号

应用时间序列分析实验教程——基于Stata软件

YINGYONG SHIJIAN XULIE FENXI SHIYAN JIAOCHENG——JIYU Stata RUANJIAN

张昭时 编著

责任编辑 王黎明
封面设计 林朦朦
责任印制 包建辉
出版发行 浙江工商大学出版社
(杭州市教工路198号 邮政编码310012)
(E-mail:zjgsupress@163.com)
(网址:http://www.zjgsupress.com)
电话:0571-88904980,88831806(传真)
排　　版 杭州朝曦图文设计有限公司
印　　刷 浙江全能工艺美术印刷有限公司
开　　本 787mm×1092mm 1/16
印　　张 11.5
字　　数 205千
版 印 次 2020年11月第1版 2023年1月第2次印刷
书　　号 ISBN 978-7-5178-4181-4
定　　价 42.00元

目　录

第一章　Stata基础

1.1　Stata简介　3

1.2　Stata学习的网上资源　4

1.2.1　Stata公司网站 ……4

1.2.2　UCLA的Statistical Consulting网站……4

1.2.3　人大经济论坛 ……5

1.3　Stata的启动、主界面和退出　6

1.3.1　Stata的启动 ……6

1.3.2　Stata的主界面 ……6

1.3.3　Stata的退出 ……8

1.4　数据导入　8

1.4.1　Stata格式数据 ……8

1.4.2　其他类型数据 ……9

1.4.3　Statransfer操作 ……11

1.5　数据管理的基本命令　12

1.5.1　审视数据(describe)……13

1.5.2　显示变量的描述性统计特征(summarize)……14

1.5.3　标签编辑(label) ……16

1.5.4　生成新变量(generate)……18

1.5.5　去除/保留数据(drop/keep) ……19

1.5.6　制图的基本命令(twoway) ……21

1.6 时间序列数据的基础命令 23
1.6.1 定义时间序列数据(tsset) ……23
1.6.2 画时序图(tsline) ……26
1.7 Stata操作的好习惯 28
1.7.1 好习惯一:用好记录文件log ……28
1.7.2 好习惯二:用好帮助菜单Help ……30

第二章 时间序列数据的预处理

2.1 基础知识 37
2.1.1 时间序列的定义 ……37
2.1.2 平稳的统计性质 ……37
2.1.3 纯随机序列的定义 ……38
2.1.4 数据的预处理 ……38
2.2 平稳性检验 38
2.2.1 实验要求 ……38
2.2.2 实验数据 ……38
2.2.3 实验内容 ……38
2.2.4 实验步骤 ……39
2.2.5 单位根检验的补充:dfgls检验和PP检验 ……48
2.3 纯随机性检验 51
2.3.1 实验要求 ……51
2.3.2 实验数据 ……52
2.3.3 实验内容 ……52
2.3.4 实验步骤 ……52

第三章 平稳时间序列模型

3.1 基础知识 59
3.1.1 Wold分解定理 ……59
3.1.2 模型的统计性质 ……59

3.1.3 建模步骤 ······60
3.1.4 预测方法 ······60
3.2 模型识别 61
3.2.1 实验要求 ······61
3.2.2 实验数据 ······61
3.2.3 实验内容 ······61
3.2.4 实验步骤 ······61
3.3 模型估计和检验 69
3.3.1 实验要求 ······69
3.3.2 实验数据 ······69
3.3.3 实验内容 ······69
3.3.4 实验步骤 ······69
3.4 模型优化 77
3.4.1 实验要求 ······77
3.4.2 实验数据 ······77
3.4.3 实验内容 ······77
3.4.4 实验步骤 ······77
3.5 模型预测 80
3.5.1 实验要求 ······80
3.5.2 实验数据 ······80
3.5.3 实验内容 ······80
3.5.4 实验步骤 ······80

第四章 非平稳时间序列模型

4.1 基础知识 87
4.1.1 Cramer分解定理 ······87
4.1.2 差分平稳和ARIMA模型 ······87
4.1.3 疏系数模型 ······88
4.1.4 季节ARIMA模型 ······88

4.2 ARIMA 模型 89
4.2.1 实验要求 ……89
4.2.2 实验数据 ……89
4.2.3 实验内容 ……89
4.2.4 实验步骤 ……89
4.3 疏系数模型 97
4.3.1 实验要求 ……97
4.3.2 实验数据 ……97
4.3.3 实验内容 ……97
4.3.4 实验步骤 ……97
4.4 季节 ARIMA 加法模型 103
4.4.1 实验要求 ……103
4.4.2 实验数据 ……103
4.4.3 实验内容 ……103
4.4.4 实验步骤 ……103
4.5 季节 ARIMA 乘法模型 108
4.5.1 实验要求 ……108
4.5.2 实验数据 ……108
4.5.3 实验内容 ……108
4.5.4 实验步骤 ……109

第五章 条件异方差模型

5.1 基础知识 117
5.1.1 方差齐性假设的重要性 ……117
5.1.2 方差非齐性的原因 ……117
5.1.3 对 ARCH/GARCH 模型的理解 ……118
5.1.4 单位根检验:PP 检验 ……119
5.2 ARCH/GARCH 模型(一) 120
5.2.1 实验要求 ……120
5.2.2 实验数据 ……120

5.2.3 实验内容 ……………………………………………120
5.2.4 实验步骤 ……………………………………………121
5.3 ARCH/GARCH模型(二) 134
5.3.1 实验要求 ……………………………………………134
5.3.2 实验数据 ……………………………………………134
5.3.3 实验内容 ……………………………………………134
5.3.4 实验步骤 ……………………………………………135

第六章　多元时间序列模型

6.1 基础知识 147
6.1.1 单整和协整 ……………………………………………147
6.1.2 误差修正模型 ……………………………………………147
6.2 协整模型 148
6.2.1 实验要求 ……………………………………………148
6.2.2 实验数据 ……………………………………………148
6.2.3 实验内容 ……………………………………………148
6.2.4 实验步骤 ……………………………………………149
6.3 误差修正模型 154
6.3.1 实验要求 ……………………………………………154
6.3.2 实验数据 ……………………………………………155
6.3.3 实验内容 ……………………………………………155
6.3.4 实验步骤 ……………………………………………155
参考文献 160
附　录 161

第一章

Stata 基础

[illegible]图2.18[illegible]

[illegible]【Results】窗口中显示如下结果(图2.19)。

[illegible]

[illegible] values from [illegible] and Stock ([illegible]

by default, [illegible] values from Cheung and Kim (1995) are

1.1 Stata简介

Stata是由美国Stata公司(StataCorp，http://www.stata.com)开发，基于Windows、Unix和Macintosh等多个环境下运行。Stata软件有多种选择，Stata/SE，Stata/MP，Standard Stata和Small Stata，我们通常使用Stata/SE，现在的最新版本是Stata16(图1.1)。

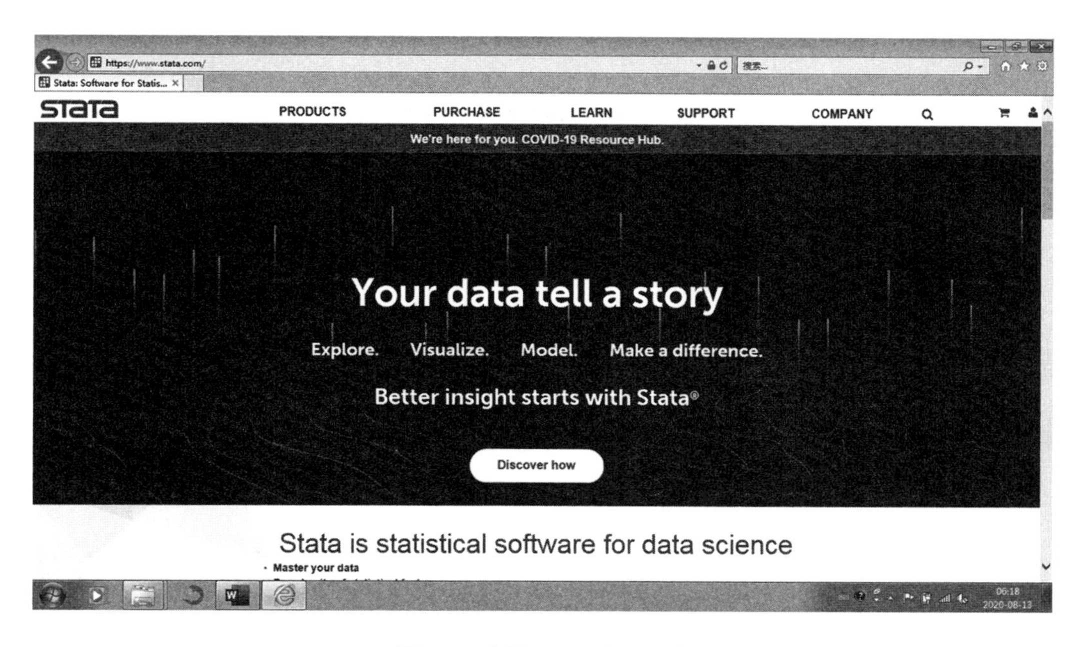

图1.1　美国Stata公司网站

Stata是一套提供数据分析、数据管理及绘制专业图表的整合性统计软件，功能十分强大，它可以处理截面数据(Cross Sectional Data)、时间序列数据(Time Series Data)以及面板/平行数据(Panel Data)，处理提供传统的统计/计量模型之外，还提供结构方程模型(Structure Equation Models)、Bayes Analysis的相关模型和Python功能。Stata提供了编程功能，这是与Eviews最大的不同之处。

1.2 Stata学习的网上资源

1.2.1 Stata公司网站

Stata公司网站(http://www.stata.com)提供的SUPPORT(在网页的菜单栏上),涵盖了大量相关资源;下拉菜单主要包括Video tutories(视频教程)、Examples and datasets(案例及数据)、Web resources(网络资源)(图1.2),这些对大家Stata的学习非常有帮助。

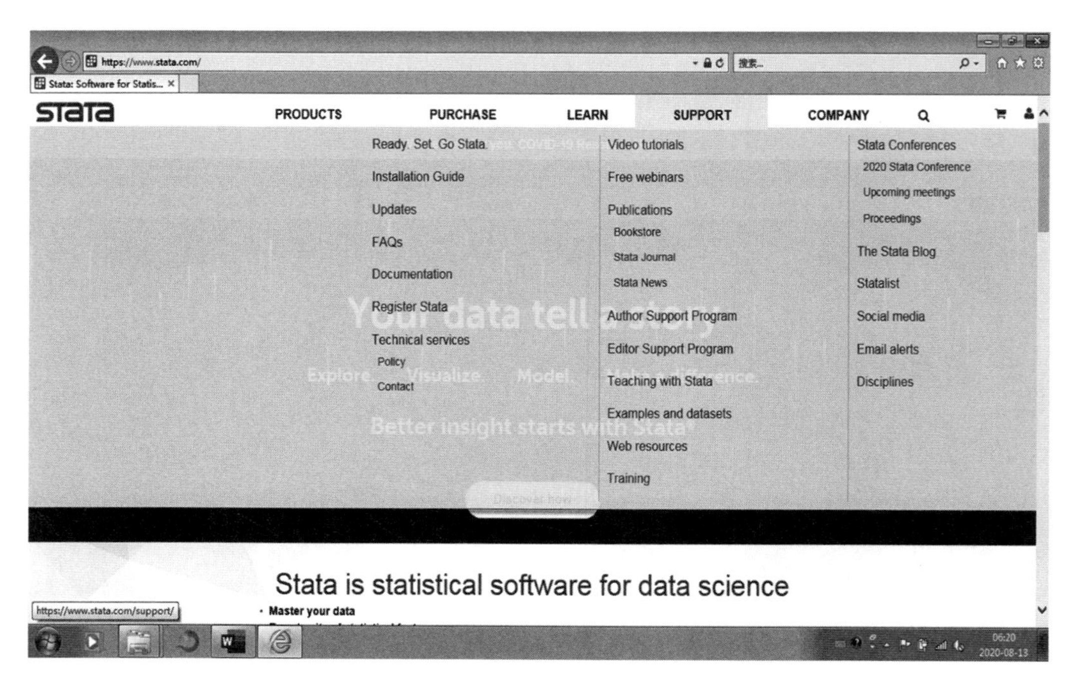

图1.2 美国Stata公司网站SUPPORT菜单栏

1.2.2 UCLA的Statistical Consulting网站

美国加州大学洛杉矶分校(UCLA)的Institute for Digital Resources & Education专门建设了数据咨询Statistical Consulting网站(https://stats.idre.ucla.edu,图1.3),提供了包括Stata在内的各种学习资源,包括案例和数据、网上教程等。

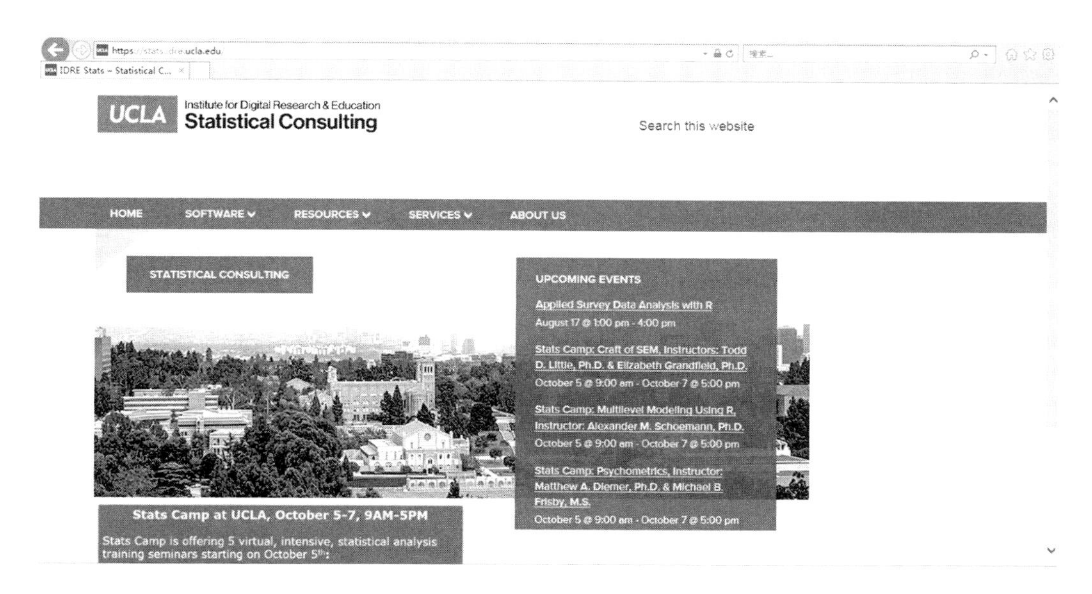

图1.3　美国UCLA数据和资源研究所的Statistical Consulting网站

1.2.3　人大经济论坛

人大经济论坛(http://bbs.pinggu.org,图1.4)是国内活跃的经管人士的网络社区平台,许多在校的大学生、研究生及教师都在使用这个平台。进入页面后,在菜单栏上【论坛BBS】下拉菜单选择【计量经济学与统计论坛　五区】,点击【Stata专版】,可以进入论坛栏目,在这里有与Stata相关的所有讨论信息,大家可以在这里搜索。

图1.4　人大经济论坛

1.3 Stata的启动、主界面和退出

1.3.1 Stata的启动

单击Windows的【开始】按钮，选择【程序】选项中的【StataSE】，单击其中的【StataSE】；或者在桌面上用鼠标双击，启动StataSE程序，进入主界面(图1.5)。

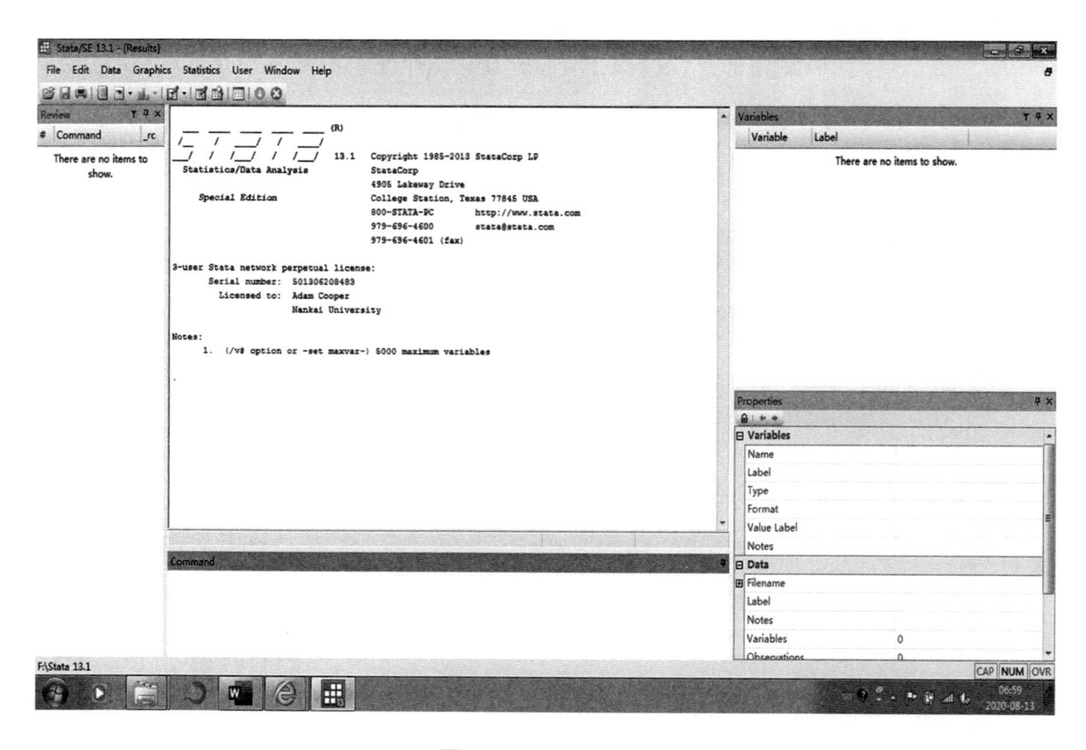

图1.5 Stata主界面

1.3.2 Stata的主界面

StataSE的主界面包括标题栏、命令栏、图标工具栏、工作区和状态栏。

1.3.2.1 标题栏

主界面的顶部是标题栏，显示Stata名称及版本。

1.3.2.2 菜单栏

标题栏下是菜单栏,菜单栏中排列着按照功能划分的8个主菜单选项。用鼠标单击任意选项会出现不同的下拉菜单,显示该部分的具体功能。8个主菜单选项提供的主要功能如下:

【File】 包括打开、保存、浏览、输入、输出以及打印等。

【Edit】 包括数据的复制、粘贴等有关数据管理和设置等。

【Data】 包括数据描述、数据编辑器、数据浏览、变量设置、矩阵运算等。

【Graphic】 是制图菜单,包括散点图、点状图、柱状图、饼状图等。

【Statistic】 是用来进行各种统计和计量分析的菜单,包括方差分析、线性回归模型分析、时间序列分析、面板数据分析、结构方程模型等。

【Users】 用来构建用户自己的菜单,包括数据、图表和统计方面的设置和操作。

【Windows】 对显示界面进行操作,也就是对【Review】【Results】【Command】【Variables】【Properties】五大窗口进行操作。

【Help】 为帮助菜单。

1.3.2.3 图标工具栏

菜单栏下面是图标工具栏。有8个图标工具,用鼠标双击图标就可以进行相关的操作。这8个图标工具分别是:

【Open】 打开文件,包括Stata各种类型的文件。

【Log】 建立或打开一个记录文件。

【Viewer】 建立一个新的窗口,用来显示记录文件或Help命令的结果。

【Graph】 建立制图窗口。

【Do-file Editor】 建立一个新的窗口,用来编写Stata命令集。

【Data Editor】 数据编辑器,可以对数据进行编辑操作。

【Data Brower】 数据浏览器,不能对数据进行操作。

【Variables Manager】 建立一个新的窗口,用来编辑变量特性(Variables Properties)。

1.3.2.4 工作区

工作区包含五个窗口，分别为【Review】【Results】【Command】【Variables】【Properties】。

【Review】 命令回顾窗口，用于临时性存贮本次运行到结束的所有命令，若Stata关闭，则所有的命令语句就会自动消失。

【Results】 结果窗口，显示命令执行结果(不包含图)。

【Command】 命令窗口，进行交互式操作的窗口。

【Variables】 变量窗口，显示变量名称和类型。

【Properties】 性质窗口，显示数据文件及变量的性质。

1.3.3 Stata的退出

方法一，在菜单栏中点击【File】>【Exit】，点击并退出；

方法二，在工作区的【Command】窗口中，输入clear，再输入exit，可退出。

注意：Stata的运行和数据是基于内存的，只要退出Stata，就说明在内存中被清空了，除非在操作过程中进行过存储，否则是没有保留的。

1.4 数据导入

1.4.1 Stata格式数据

Stata的数据文件格式是dta，菜单栏点击【Data】>【Open】，跳出新的对话窗口“打开”。

例如：打开放置在系统桌面上的数据A.dta(图1.6)。

还可以在工作区的【Command】窗口输入Use命令。

命令1：Use数据文件名(文件路径要完整)(图1.7)。

图1.6　数据文件存放位置

Command

```
use "C:\Users\ZHANG Zhaoshi\Desktop\A.dta", clear
```

图1.7　Stata工作区Command界面

1.4.2　其他类型数据

通常我们所使用的数据为统计调查数据，数据格式多种多样，常见的有spss、SAS和Excel所形成数据。

对于Excel数据，在菜单栏中点击【File】>【Import】>【Excel Spreadsheet】，跳出新的对话框窗口“Import Excel”，在“Browse”中选择相应的Excel数据文件，如果Excel文件中包含变量名，则选择“Import first row as variables name”，点击“OK”（图1.8）。注意：Stata软件对中文的兼容性不太好，建议与Stata操作有关的文件夹名称、文件名和变量名都用英文字母及数字的组合，Stata是区分英文大小写字母的。

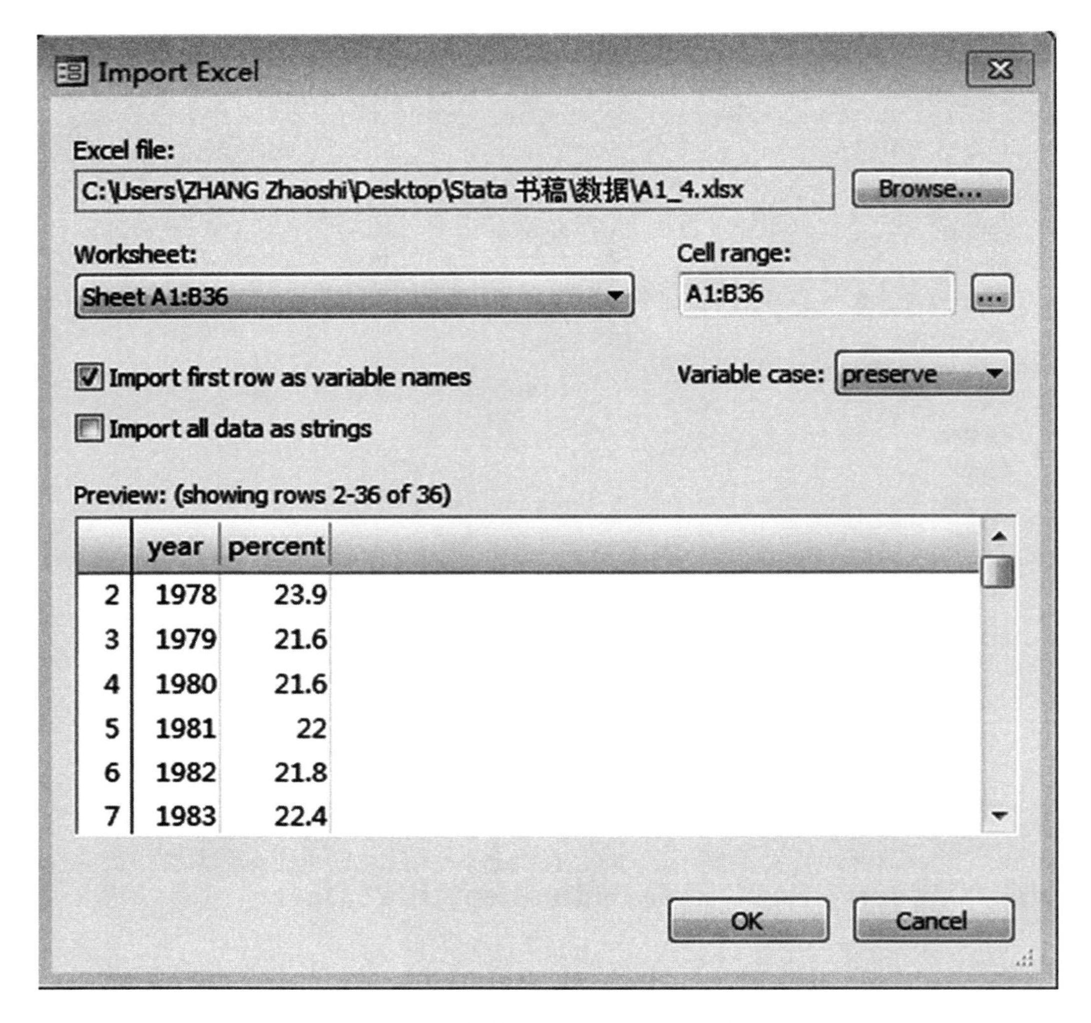

图 1.8　对话框窗口“Import Excel”

从【Import】所对应的下拉菜单中可以看到，除了 Excel 格式数据外，还可以导入 SAS、Text、ODBC 等格式的数据。

导入数据后，为避免数据丢失，立即存储为 Stata 格式的数据文件(图 1.9)。在菜单栏中点击【File】，下拉到【Save as】，单击【Save as】，跳出新的对话框窗口“Save Stata Data File”，在对话框下方【保存类型(T)】中选取【Stata Data (*.dta)】，再输入文件名。

对于 Excel 数据，还可以在图表工具栏双击【Data Editor】，将 Excel 表格中的数据直接粘贴到【Data Editor】中。

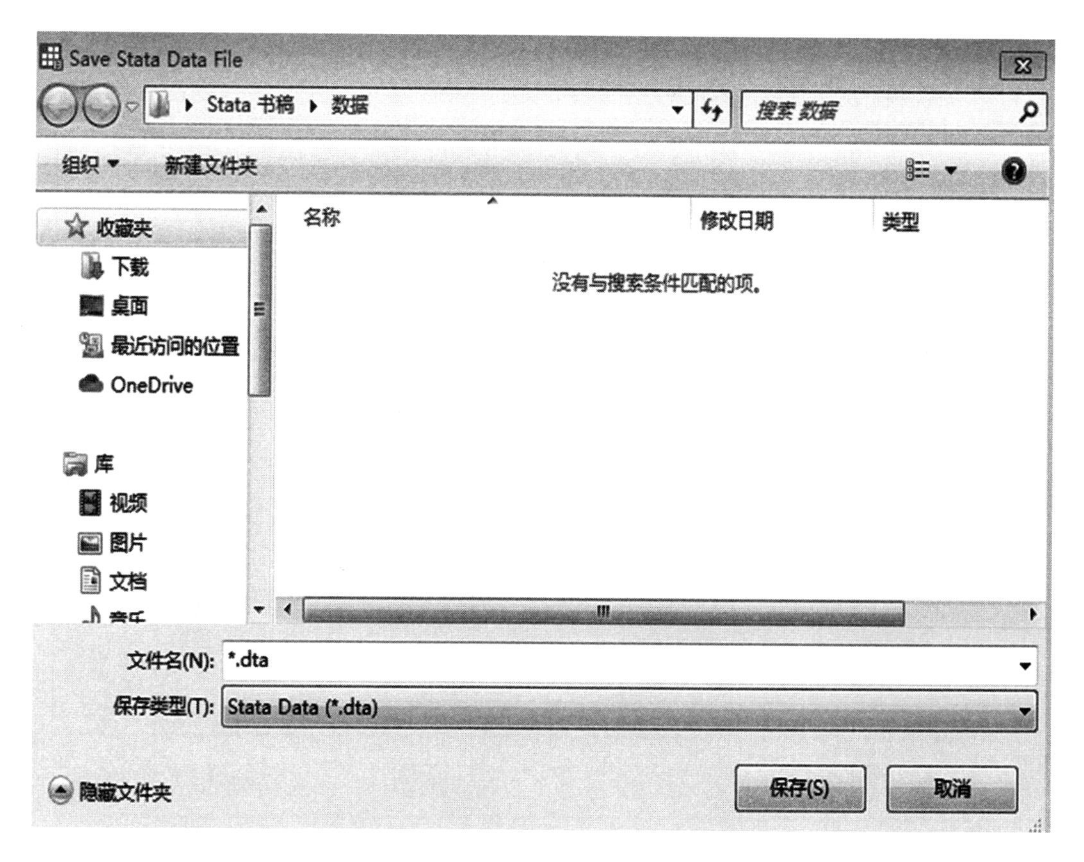

图1.9　对话框窗口"Save Stata Data File"

1.4.3　Statransfer操作

Stata公司单独开发了一个数据格式转换软件Statransfer(图1.10),操作十分简便。可以使数据在不同格式之间相互转换,包括其他格式的数据装换为Stata格式,也可以将Stata格式的数据转换为其他数据格式,数据格式的种类比Stata本身【Import】中所包含的多。

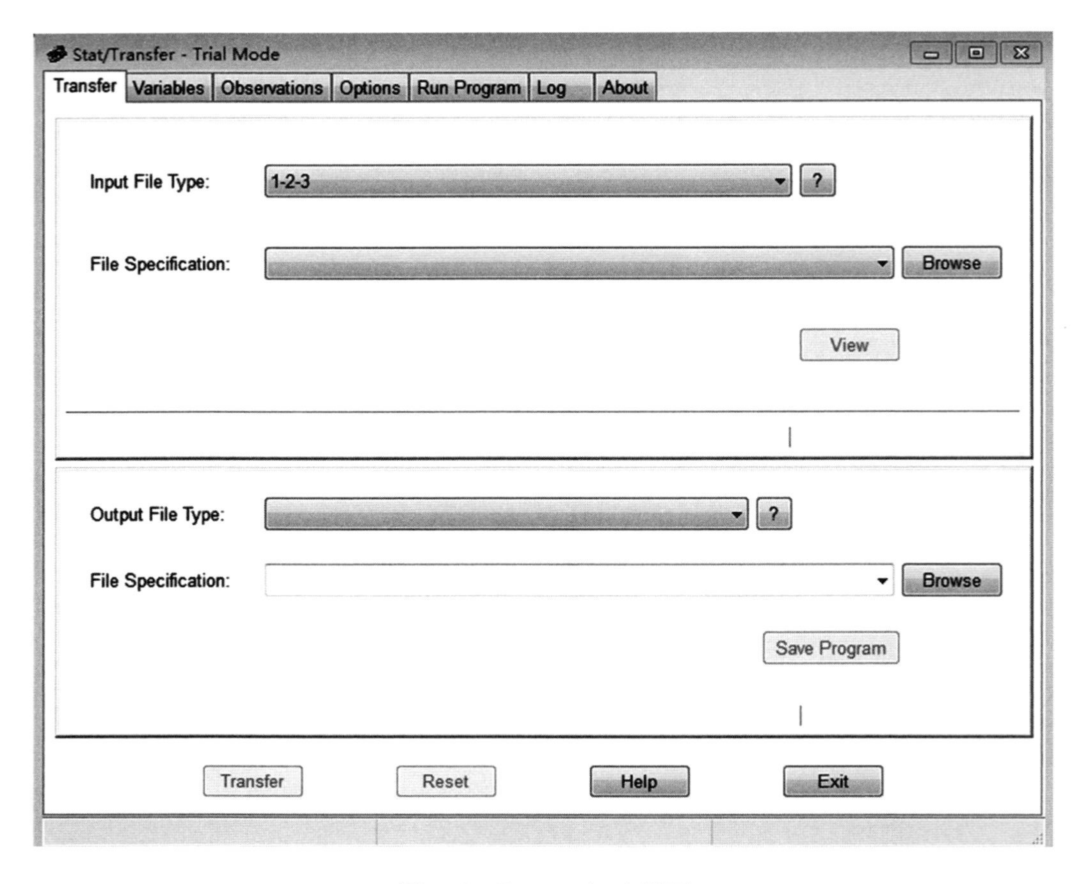

图 1.10　Statransfer 主界面

1.5 数据管理的基本命令

导入数据之后,数据管理的相关命令都在菜单栏【Data】的下拉菜单中,这里只介绍7个常用的变量/数据管理命令。同时,Stata还提供了交互式操作的方式,可以直接在工作区的【Command】窗口直接输入相关的命令。命令的语法格式为:

[*prefix*:] ***command*** [*varilist*] [=*exp*] [*if*] [*in*] [*weight*] [*using filename*] [,*options*]。

就是 命令(command)+变量名列表(varilist)+限制条件([*if*][*in*])。

本节以下操作所用数据(附录表1)均来自放置于电脑系统桌面上A.dta C:\Users\ZHANG Zhaoshi\Desktop\A.dta。

1.5.1　审视数据(describe)

该命令是对整个数据信息的把握。

操作方法一:菜单栏点击【Data】>【Describe data】>【Describe Data in the memory or in a file】,跳出新的对话窗口“describe”(图1.11)。如要对读入内存中的数据文件进行操作,选择“In memory”,如要对硬盘上的Stata数据文件进行操作,选择“in a file”。

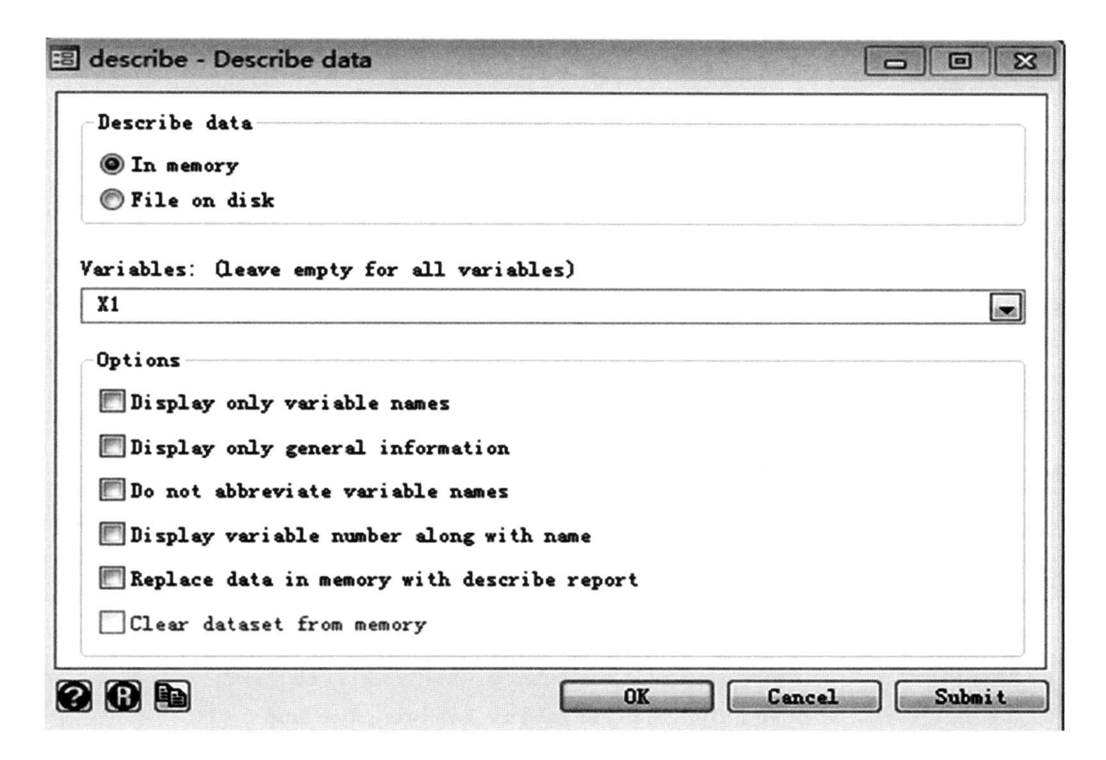

图1.11　对话窗口“describe”

操作方法二:工作区的【Command】窗口输入“describe”命令。

命令1:describe(给出内存中数据文件的数据信息)。

命令2:describe变量名(给出内存数据中某个变量的数据信息)(图1.12)。

在工作区的【Results】窗口中得到以下结果(图1.13)。

图1.12　工作区的【Command】窗口

```
. describe X1

              storage  display    value
variable name   type   format     label      variable label

X1              double %10.0g                ÊÌÌ·µ¥¼ÛX1
```

图 1.13　工作区的【Results】窗口

1.5.2　显示变量的描述性统计特征(summarize)

该命令是对数据进行描述性统计,给出的5个基本统计特征:样本容量(Obs)、均数(Mean)、标准差(Std Dev)、最小值(Min)和最大值(Max)。

操作方法一:菜单栏点击【Data】>【Describe Data】>【Summary Statistics】,跳出新的对话窗口"summarize"(图1.14),在"Variables"选择变量,如不选,则显示所有变量的统计信息;在"Option"中选择"Standard display",则结果显示上述5个基本统计量,选择"Display additional statistics",则在上述5个基本统计量的基础上,还提供百分位数、偏度系数和峰度系数等统计特征。

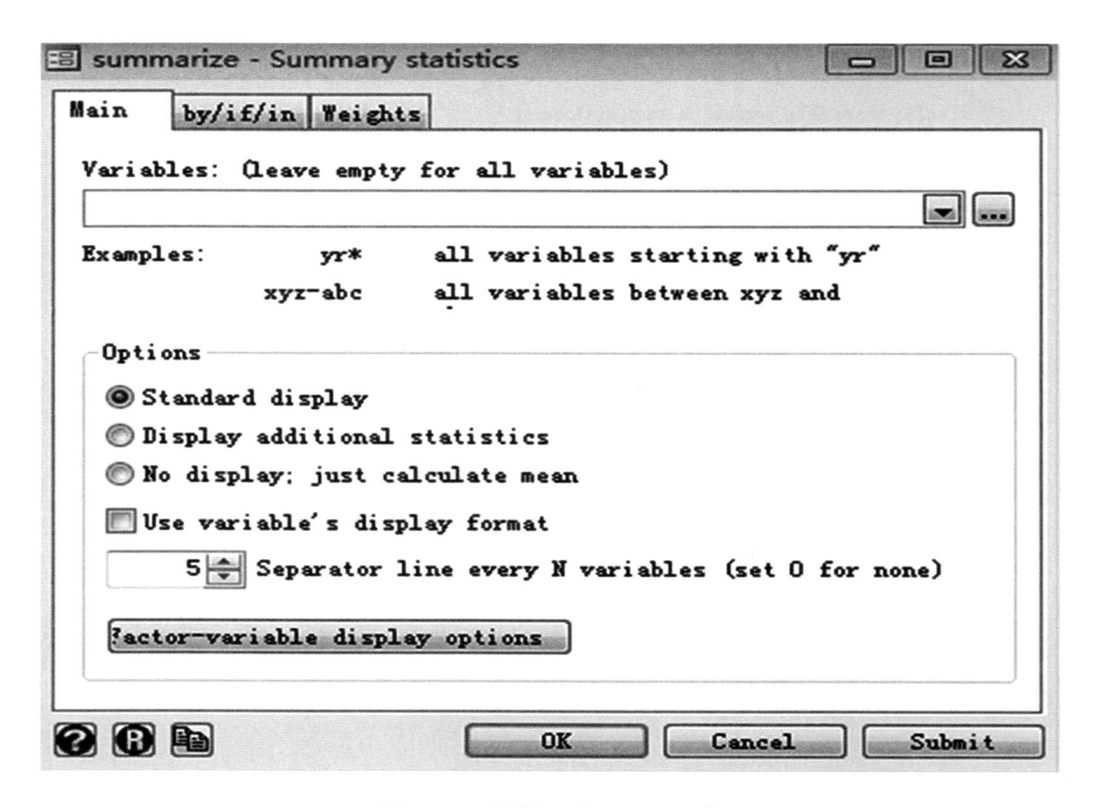

图 1.14　对话窗口"summarize"

操作方法二:工作区的【Command】窗口输入“summarize”命令。

命令1:summarize(给出内存数据文件中所有变量的基本统计特征)。

命令2:summarize变量名(给出内存数据中某个变量的基本统计特征)。

命令3:summarize变量名,detail(给出内存数据中某个变量的详细的统计特征。除了上述5个基本统计特征外,还提供百分位数、偏度系数和峰度系数等统计特征)。

进行上述操作后,在工作区的【Results】窗口中得到以下结果(图1.15、图1.16和图1.17)。

```
. summarize

    Variable |        Obs        Mean    Std. Dev.       Min        Max
-------------+---------------------------------------------------------
           Y |         10     804.396    58.85404     710.28     908.52
          X1 |         10     40.5756    8.299739     28.272     56.016
          X2 |         10     15718.8    4546.276       9144      23160
```

图1.15　工作区的【Results】窗口

```
. summarize X1

    Variable |        Obs        Mean    Std. Dev.       Min        Max
-------------+---------------------------------------------------------
          X1 |         10     40.5756    8.299739     28.272     56.016
```

图1.16　工作区的【Results】窗口

```
. summarize X1, detail

                          商品单价X1
-------------------------------------------------------------
      Percentiles      Smallest
 1%       28.272         28.272
 5%       28.272         29.328
10%         28.8          37.38       Obs                  10
25%        37.38         38.484       Sum of Wgt.          10

50%        39.96                      Mean            40.5756
                        Largest       Std. Dev.      8.299739
75%        46.44          42.36
90%       51.786          46.44       Variance       68.88567
95%       56.016         47.556       Skewness        .183785
99%       56.016         56.016       Kurtosis       2.587515
```

图1.17　工作区的【Results】窗口

1.5.3 标签编辑(label)

该命令是对已读入内存的数据文件和数据变量打标签，提供简要信息。由于Stata对中文的兼容性不好，数据文件名和变量名建议使用英文字母和数字的组合，这个时候对文件和变量标注必要的标签就非常有必要了。

1.5.3.1 编辑数据文件标签

操作方法一：菜单栏点击【Data】>【Data utilities】>【Label utilities】>【Label dataset】，跳出新的对话窗口“label data”(图 1.18)，选项为“Attach label to data”和“Remove label from data”。

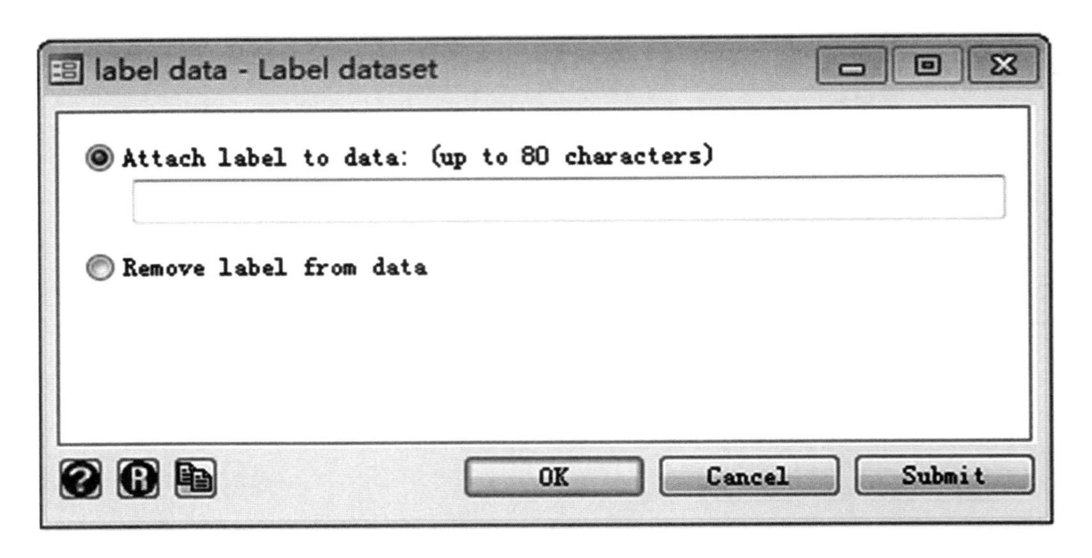

图 1.18 对话窗口“label data”

操作方法二：工作区的【Command】窗口输入“label”命令。

命令 1：label data “标签内容”(加标签，图 1.19)。

命令 2：label data(去除标签)。

Command

label data "书稿数据文件"

图 1.19 工作区的【Command】窗口

进行上述操作后，在工作区的【Results】窗口中得到以下结果(图1.20)。这里可以看到，中文显示是乱码。但在工作区的【Properties】窗口中显示正常结果(图1.21)。

```
. label data "Êé¸åÊý¾ÝÎÄ¼þ"
```

图1.20　工作区的【Results】窗口

Data	
Filename	A.dta
Label	书稿数据文件
Notes	
Variables	3
Observations	10

图1.21　工作区的【Properties】窗口

1.5.3.2　编辑变量标签

操作方法一：菜单栏点击【Data】>【Variables Manager】，弹出新的对话窗口"Variables Manager"(图1.22)，在对话框的右边部分对变量性质进行操作，除了Label(编辑标签)外，还有Name(编辑变量名)、Format(选择数据格式)等功能。

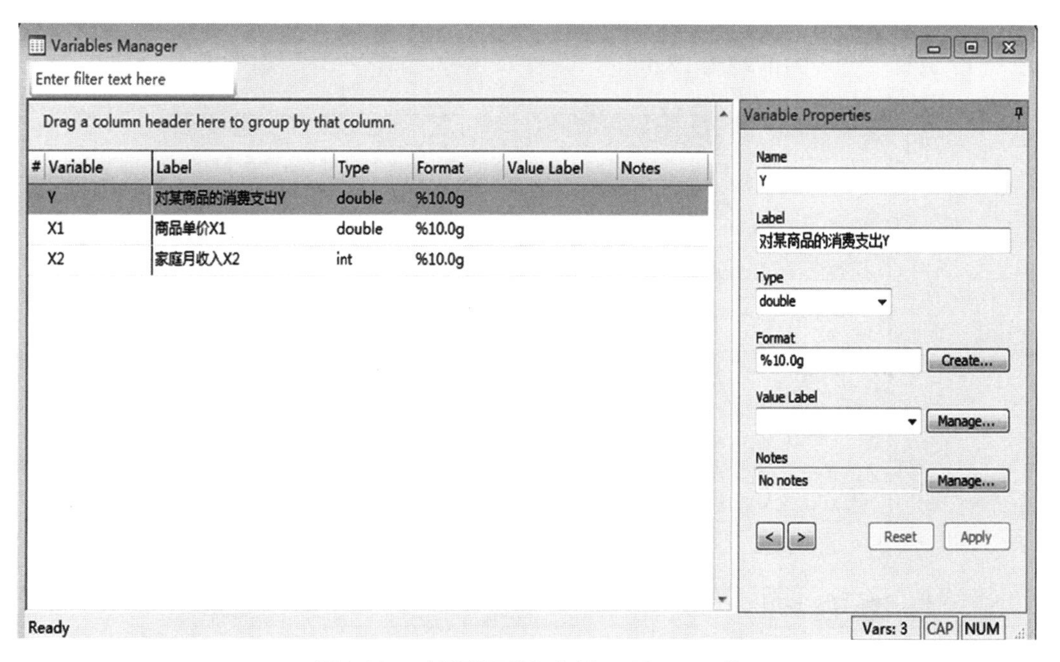

图1.22　对话窗口"Variables Manager"

操作方法二：工作区的【Command】窗口输入“label”命令。

命令1：label variable 变量名 “标签内容”（对变量加标签，图1.23）。

命令2：label variable 变量名（去除变量标签）。

在工作区的【Results】窗口中得到以下结果（图1.24）。

图1.23 工作区的【Command】窗口

```
. label variable X1 "Êý¾ÝÎÄ¼þÖÐµÄÉÌÆ·µ¥¼Û"
```

图1.24 工作区的【Results】窗口

这里可以看到，中文显示是乱码。但在工作区的【Properties】窗口中显示中文。

1.5.4 生成新变量(generate)

该命令是为了生成新变量。

操作方法一：菜单栏点击【Data】>【Create or change data】>【Create new variable】，弹出新的对话窗口“generate”（图1.25），在对应的“Variable name”中填写新变量名（注：用英文和数字的结合，不要用中文），在“Contents of variable”中输入变量值的来源，这里填写12.5，即变量 b 的值均为12.5。

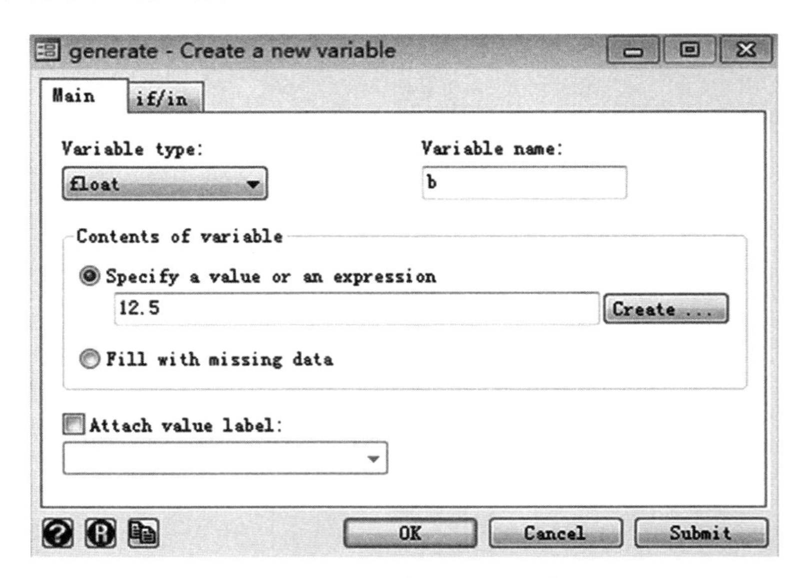

图1.25 对话窗口“generate”

操作方法二:工作区的【Command】窗口输入“generate”命令。

命令1:gen新变量名=*exp*(这里的*exp*指的是新变量值的来源,可以是数字、计算公式或函数关系式等,注意:=*exp*不可缺少)。

例如:生成一个新变量b,这个变量b的值等于$Y^2+\log Y$,则在【Command】窗口输入如下命令(图1.26)。

图1.26 工作区的【Command】窗口

1.5.5 去除/保留数据(drop/keep)

为了得到符合要求的样本数据,去除/保留变量或样本数据的操作是必不可少的。

1.5.5.1 去除/保留样本数据

操作方法一:菜单栏点击【Data】>【Create or change data】>【Drop or keep observations Data】,弹出新的对话窗口“drop”(图1.27),然后进行操作。

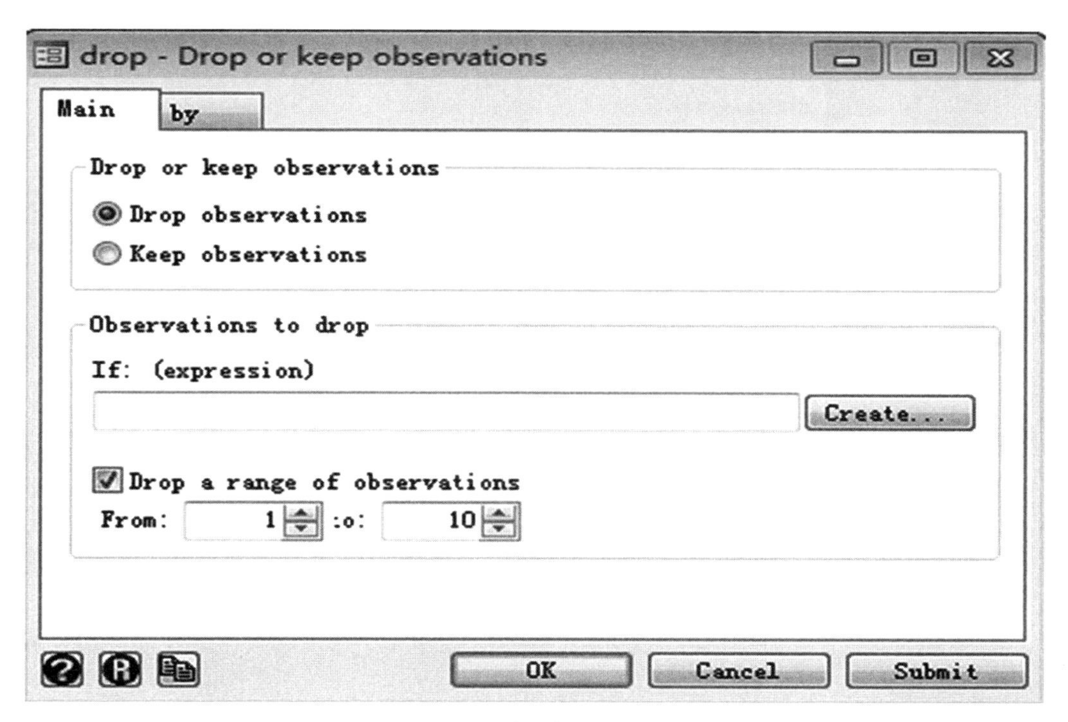

图1.27 对话窗口“Drop”

操作方法二:工作区的【Command】窗口输入“drop”或“keep”命令;

命令1:drop in 数字A/数字B(去除第A个到第B个样本数据)。

例如:去除第3个到第8个的样本数据 则在【Command】中输入drop in 3/8。

命令2:drop if *exp*(去除在条件表达式*exp*下的样本数据)。

例如:去除在*Y*值大于3的条件下的样本数据则在【Command】中输入drop if *Y*>3。

命令3:keep in 数字A/数字B(保留A到B的样本数据)。

命令4:keep if *exp*(保留在条件表达式*exp*下的样本数据)。

1.5.5.2 去除/保留变量

操作方法一:菜单栏点击【Data】>【Variables Manager】,弹出新的对话窗口“Variables Manager”(图1.28),用鼠标选择相应的变量,点击鼠标右键,弹出下拉菜单,然后进行操作。

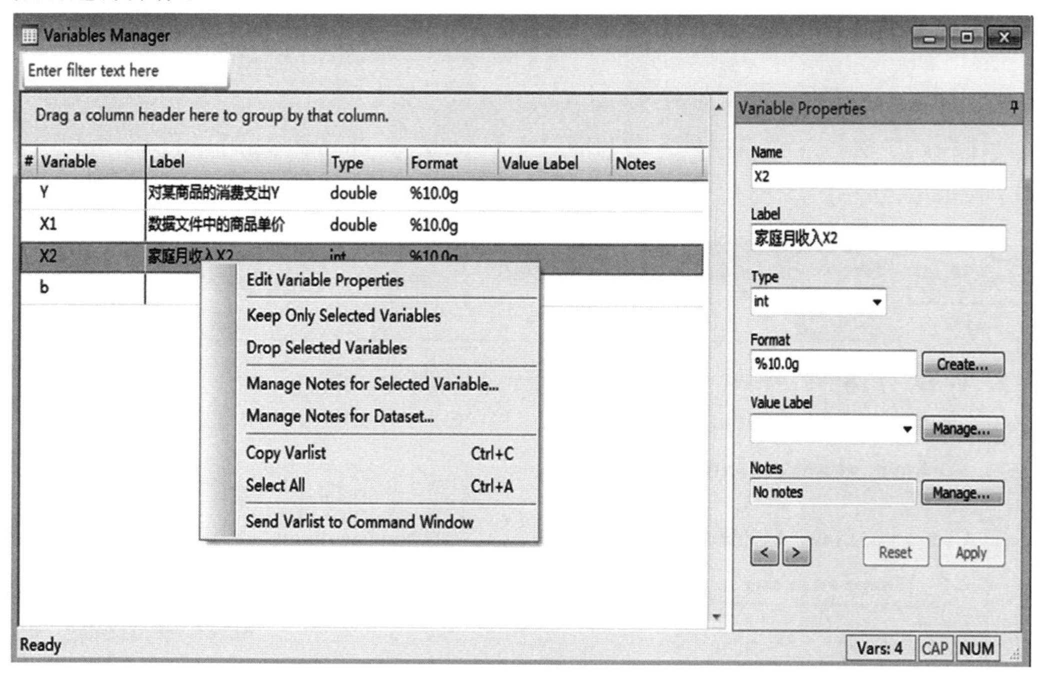

图1.28 对话窗口“Variables Manager”

操作方法二:工作区的【Command】窗口输入drop或keep命令。

命令1:drop 变量名1 变量名2 …… 。

例如：去除变量b，则在【Command】中输入“drop b”。

命令2：keep 变量名1 变量名2 …… (保留变量1、变量2……，其他变量去除)。

例如：保留变量b，则在【Command】中输入“keep b”。

1.5.6 制图的基本命令(twoway)

Stata的制图功能十分强大，菜单栏的有专门一栏【Graphics】实现此功能，下拉菜单中有各种不同的制图命令。这里只介绍最常用的二维作图命令twoway。

操作方法一：菜单栏点击【Graphics】>【Twoway graph (scatter, line, etc.)】，跳出新的对话窗口“twoway”(图1.29)，点击窗口中的“Create”，弹出新的对话窗口“Plot 1”(图1.30)，按照图1.30显示的选择，所画的图为“Basic plots(基本的二维图)”，线型为“Connected(点划线)”，纵坐标变量为Y，横坐标变量为X1。点击“Accept”，然后再点击窗口“twoway”的“OK”。

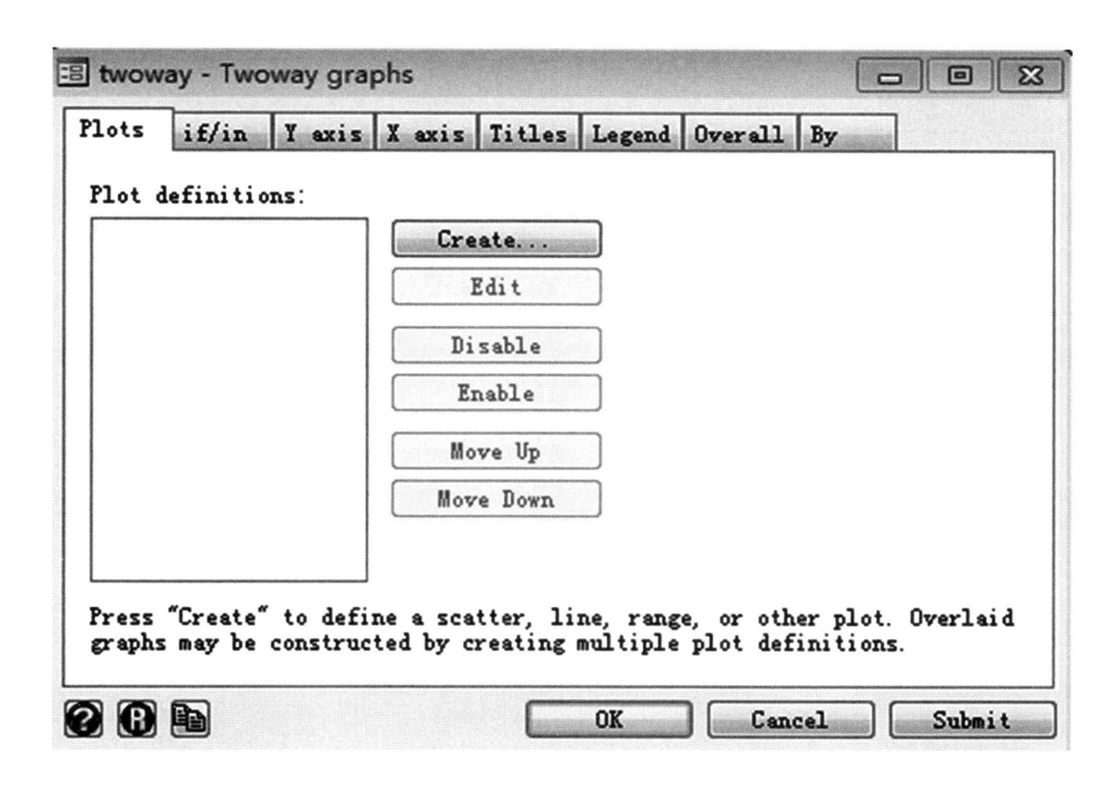

图1.29　对话窗口“twoway”

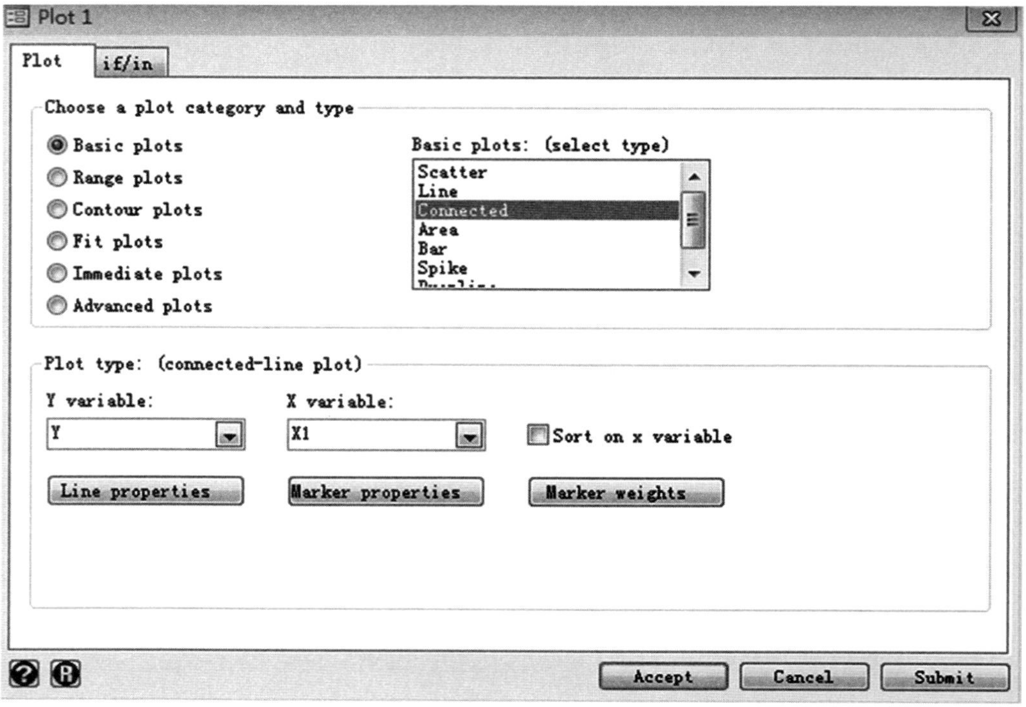

图1.30　对话窗口“Plot 1”

操作方法二：工作区的【Command】窗口输入“twoway”命令。

命令：twoway 线型 变量1 变量2（线型常用的有散点Scatter，线Line，点划线Connected）。

按图1.30的选择，在【Command】窗口输入“twoway connected Y X1”。

按上述两个方法操作，最终都会弹出一个新窗口“Graph”（图1.31）。

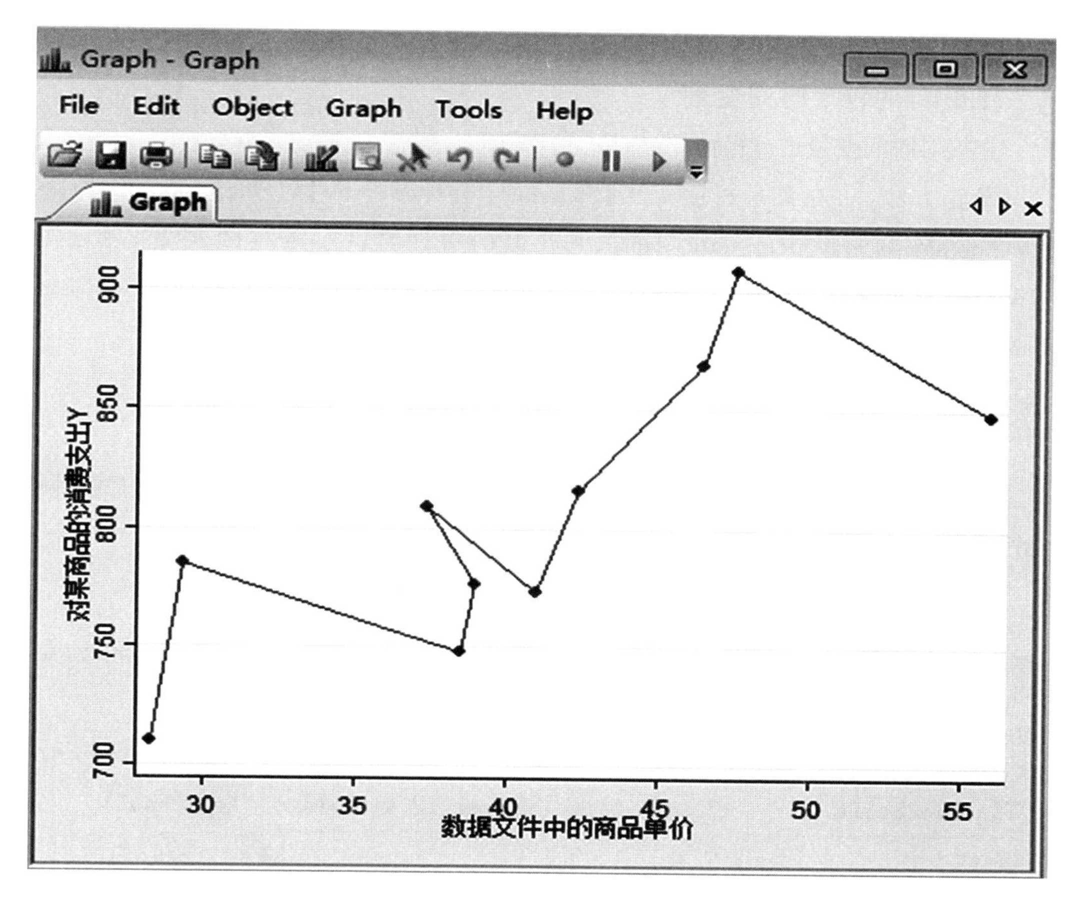

图1.31 窗口"Graph"

1.6 时间序列数据的基础命令

Stata能够处理截面数据Cross Section Data,时间序列数据Time Series Data以及面板/平行数据Panel Data/Longitudinal Data。当数据导入时,Stata默认为截面数据,如果要定义为时间序列数据,必须进行数据的定义。时间序列数据,也成为动态数列数据,是指将同一统计指标数值按其发生的时间先后顺序排列而成的数据,根据观测时间的不同,时间序列数据中的时间可以是年、季、月或其他任何的时间形式。

1.6.1 定义时间序列数据(tsset)

定义时间序列数据,就是定义时间序列数据所属的时间。它分为两种情况:数据文件包含时间变量和数据文件不包含时间变量。以下操作采用数据见附录表2。

1.6.1.1 包含时间变量

直接对时间变量进行操作。

操作方法一：在菜单栏上点击【Statistics】>【Time series】>【Setup and utilities】>【Declare dataset to be time-series data】，弹出新的对话窗口“tsset”（图 1.32），然后在“Time variable”中选择时间变量进行操作。时间变量的时间间隔可以在“Time unit and display format for the time variable”中进行选择。

操作方法二：工作区的【Command】窗口输入“tsset”命令。

命令 1：tsset 时间变量名。

命令 2：tsset 时间变量名[，*options*]（这里的 options 是选项命令，可以对时间间隔进行定义，比如年 yearly，月 monthly 等，本书不深入）。

按上述两种操作方法，则在工作区【Results】会得到如下结果（图 1.33）。

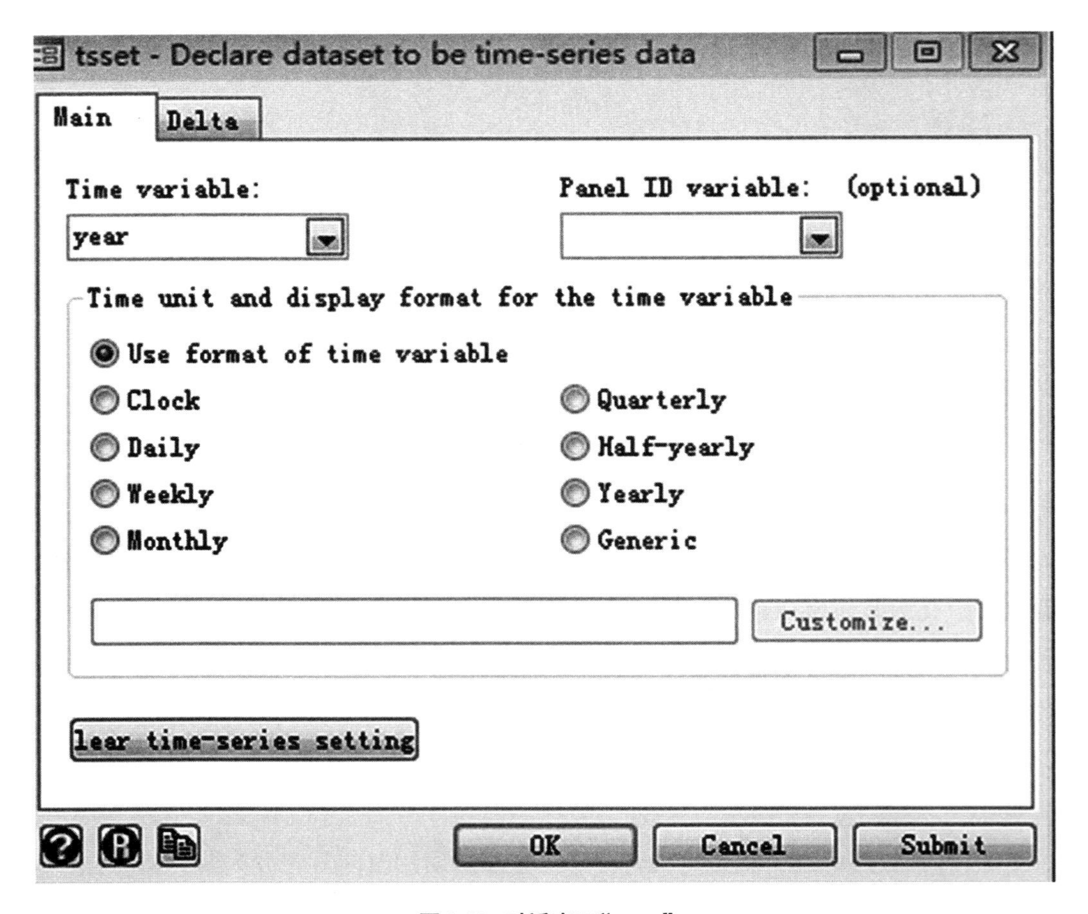

图 1.32 对话窗口“tsset”

```
. tsset year
        time variable:  year, 1900 to 1998
                delta:  1 year
```

图1.33　工作区【Results】窗口

1.6.1.2　不包含时间变量

首先要生成一个时间变量，然后对它进行定义。

操作步骤：进行1.5.4的操作，在新窗口"generate"中，"Variable name"中填入SN，即新的时间变量名SN，"Contents of variable"的"Specify a value or an expression"中填入"_n"，即变量SN的取值是数据的顺序（图1.34）。

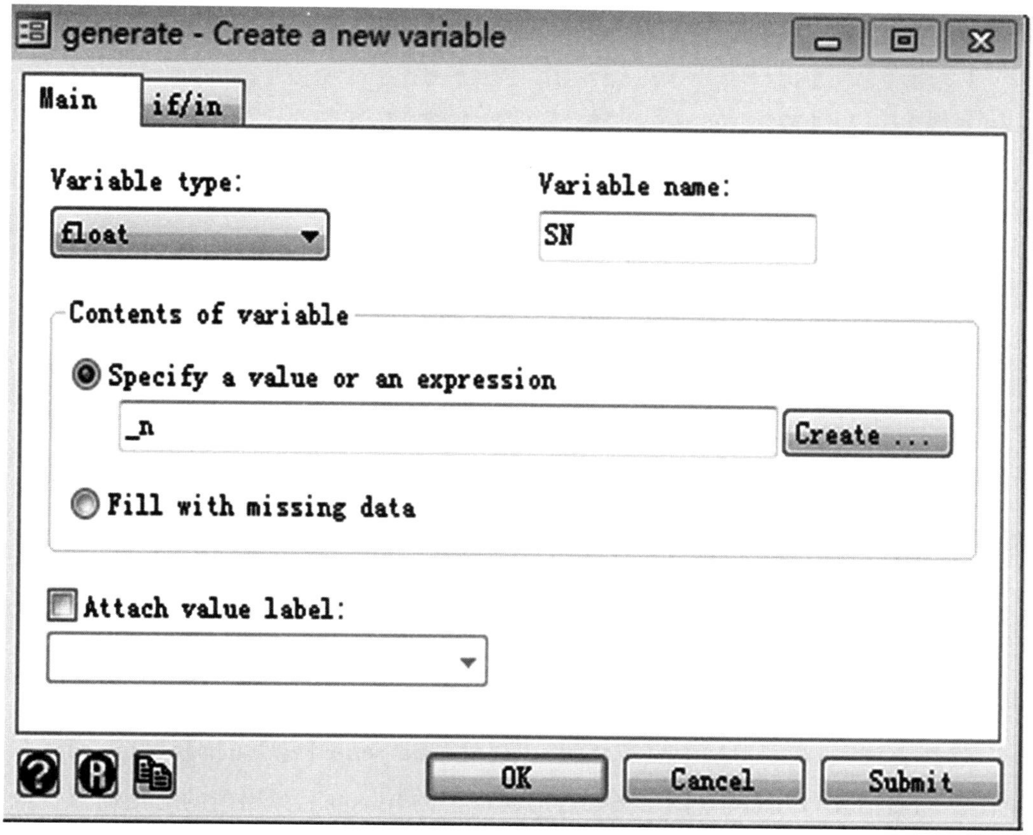

generate - Create a new variable
Main
if/in
Variable type:
float
Variable name:
SN
Contents of variable
Specify a value or an expression
_n
Create ...
Fill with missing data
Attach value label:
OK
Cancel
Submit

图1.34　窗口"generate"

点击“OK”，在图标工具栏中，点击【Data Brower】，可以看到(图 1.35)：

Data Editor (Browse) - [A1-7.dta]

File Edit View Data Tools

year[1] 1900

Snapshots

	year	number	SN
1	1900	13	1
2	1901	14	2
3	1902	8	3
4	1903	10	4
5	1904	16	5
6	1905	26	6
7	1906	32	7
8	1907	27	8
9	1908	18	9
10	1909	32	10
11	1910	36	11
12	1911	24	12
13	1912	22	13
14	1913	23	14

图 1.35 【Data Brower】窗口

在生成新的时间变量 SN 后，再进行 1.6.1.1 的操作。

1.6.2 画时序图(tsline)

对于时间序列数据而言，分析时序图的特征具有很重要的意义。前述的 twoway 是通用命令，而 tsline 是专门针对时间序列数据的二维作图命令。

操作方法一：在菜单栏上点击【Statistics】>【Time series】>【Graphs】>【Line plots】，跳出新的对话窗口“tsline”(图 1.36)，点击窗口中的“Create”，弹出新的对话窗口“Plot 1”(图 1.37)，按照对话框相关要求进行选择，点击“Accept”，再点击“tsline”窗口的“OK”。

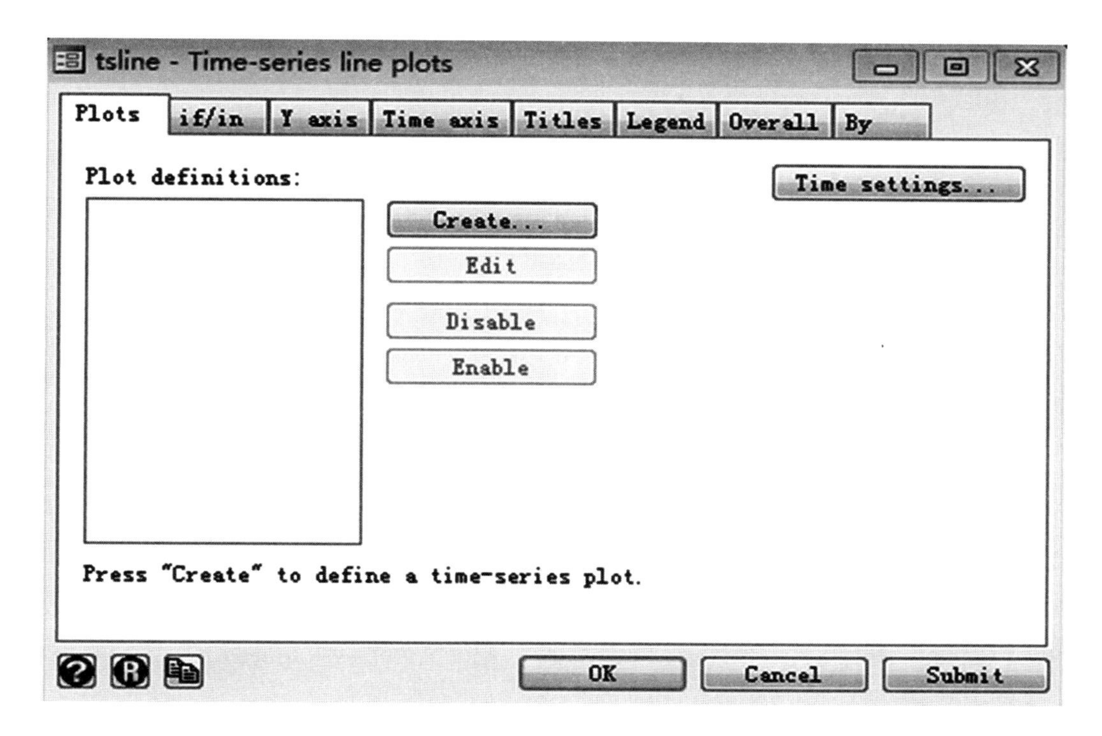

图1.36 对话窗口“tsline”

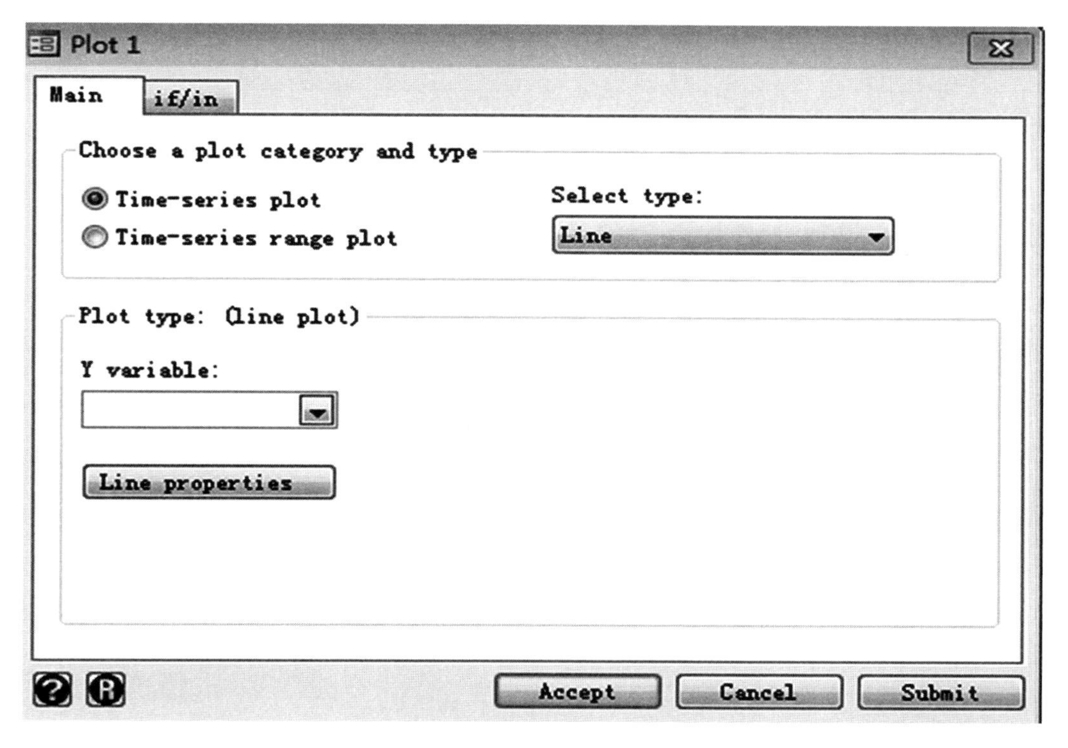

图1.37 对话窗口“Plot 1”

操作方法二:工作区的【Command】窗口输入"tsset"命令。

命令　tsline　时间变量名。

1.7 Stata操作的好习惯

1.7.1 好习惯一:用好记录文件log

为了有效记录Stata运行过程的命令和结果,每次打开Stata时,第一个要做的事情,就是建立或打开记录文件log,该记录文件是将工作区的【Results】窗口中的所有信息记录在案。

操作方法一:菜单栏上点击【files】>【Logs】>【begin】,出现新的窗口"Begin logging Stata output"(图1.38),命名该记录文件名为A,记录文件的后缀是smcl。

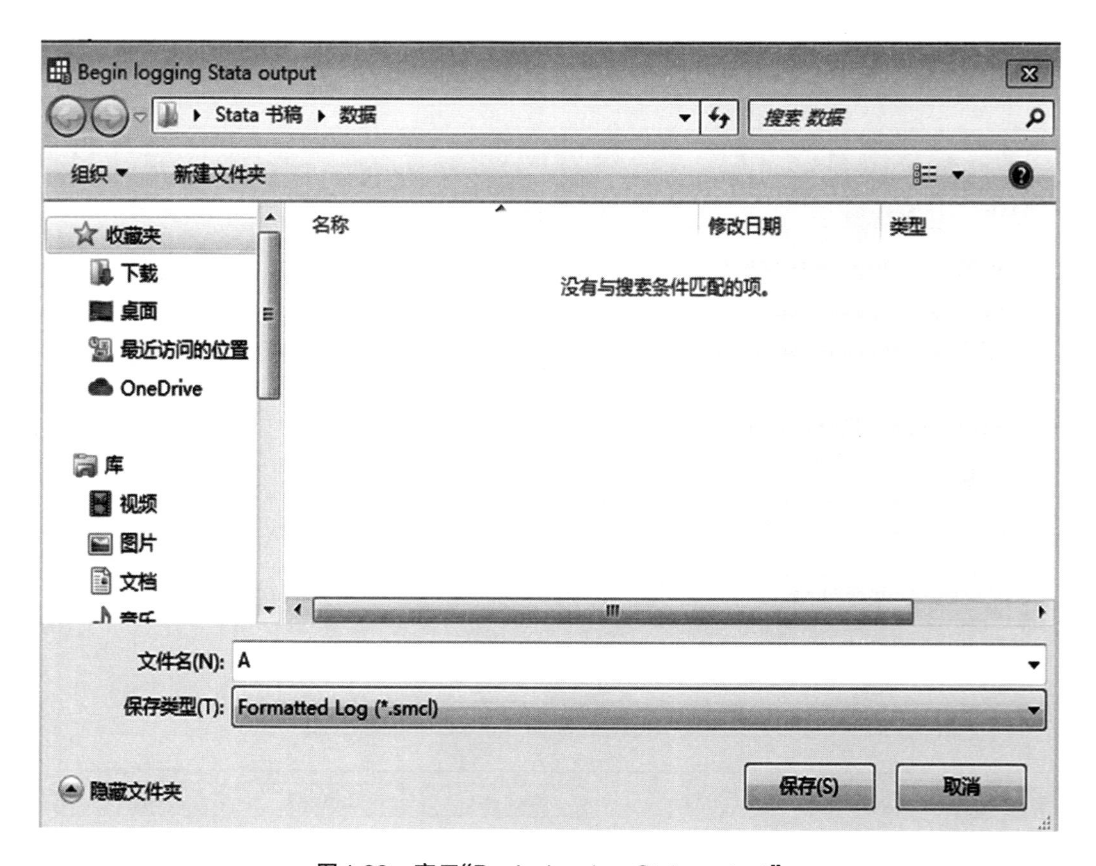

图1.38　窗口"Begin logging Stata output"

点击“保存”，则在工作区的【Results】窗口中显示结果(图 1.39)，这意味着从这条信息之后的所有在【Results】窗口中显示的信息都会保留在 A.smcl 这个文件中。

```
. log using "C:\Users\ZHANG Zhaoshi\Desktop\Stata Êé,å\Êý¾Ý\A.smcl"

      name:  <unnamed>
       log:  C:\Users\ZHANG Zhaoshi\Desktop\Stata Êé,å\Êý¾Ý\A.smcl
  log type:  smcl
 opened on:  13 Aug 2020, 14:43:53
```

图 1.39　工作区的【Results】窗口

在菜单栏【Files】 > 【Log】下还有其他下拉菜单操作(图 1.40)。其含义是：“Close”表示结束本次记录文件的记录，“Suspend”表示在原有的记录上追加记录内容，而不是覆盖原有的记录。

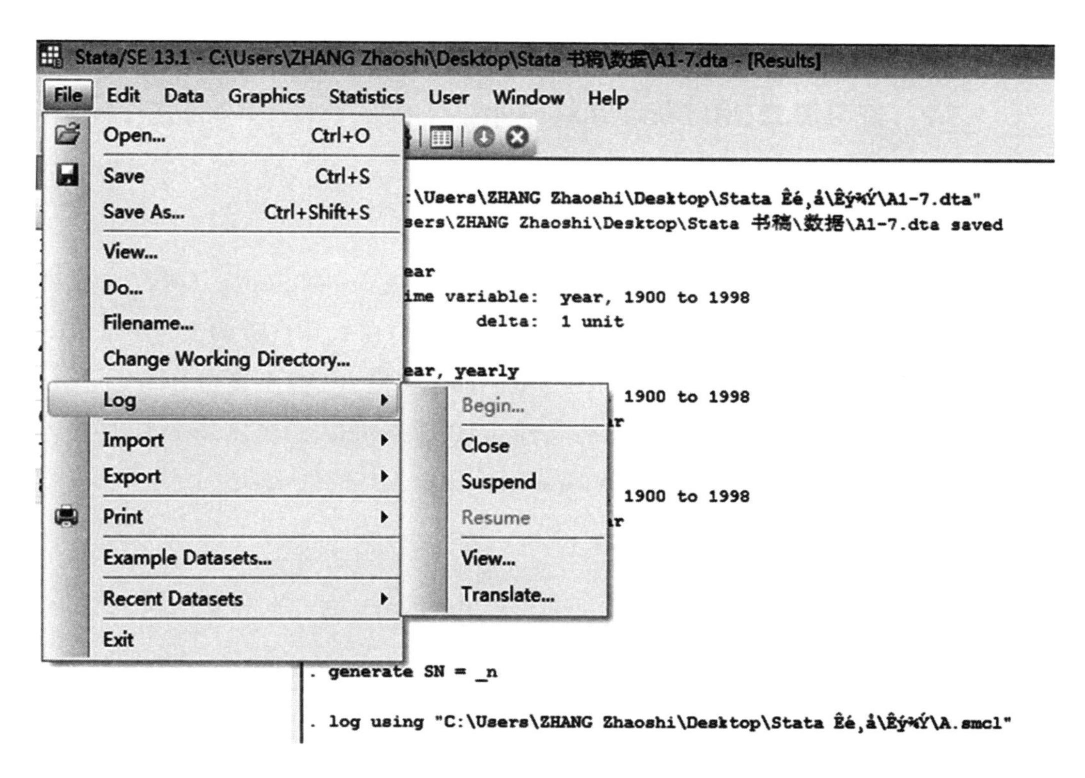

图 1.40　菜单栏【Files】>【Log】下的其他下拉菜单

操作方法二：点击图标工具栏上的 图标，会弹出新的对话框(图 1.40)，进行相关操作并“保存”后，会再弹出新的对话框“Stata Log Options”(图 1.41)，依据实际需要，进行操作。

图 1.41 对话框“Stata Log Options”

1.7.2 好习惯二:用好帮助菜单 Help

1.7.2.1 关键词帮助

在菜单栏点击【Help】>【Search】,弹出新的对话框“Keyword Search”(图 1.42)。选项“Search documentations and FAQs”表明搜寻的范围在软件自带的文件和 FAQs;“Search net resources”表明搜寻的范围为 Internet(前提:电脑连接在 Internet 上);“Search all”表明搜寻的范围为软件自带文件、FAQs 及 Internet。在“Keywords”中输入关键词,点击“OK”,就会弹出新窗口“Viewer”(图 1.43),给出搜寻结果。

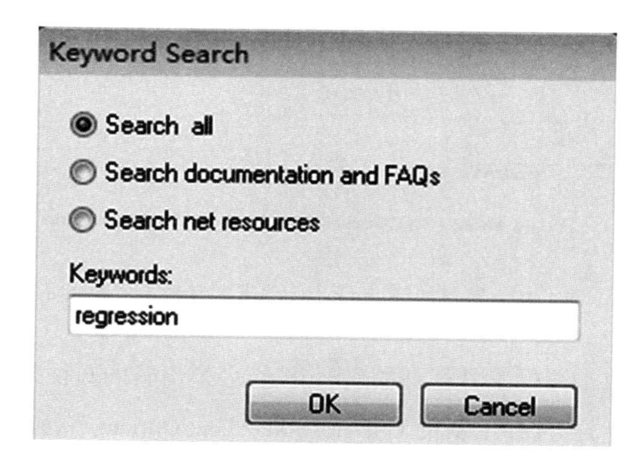

图 1.42 对话框“Keyword Search”

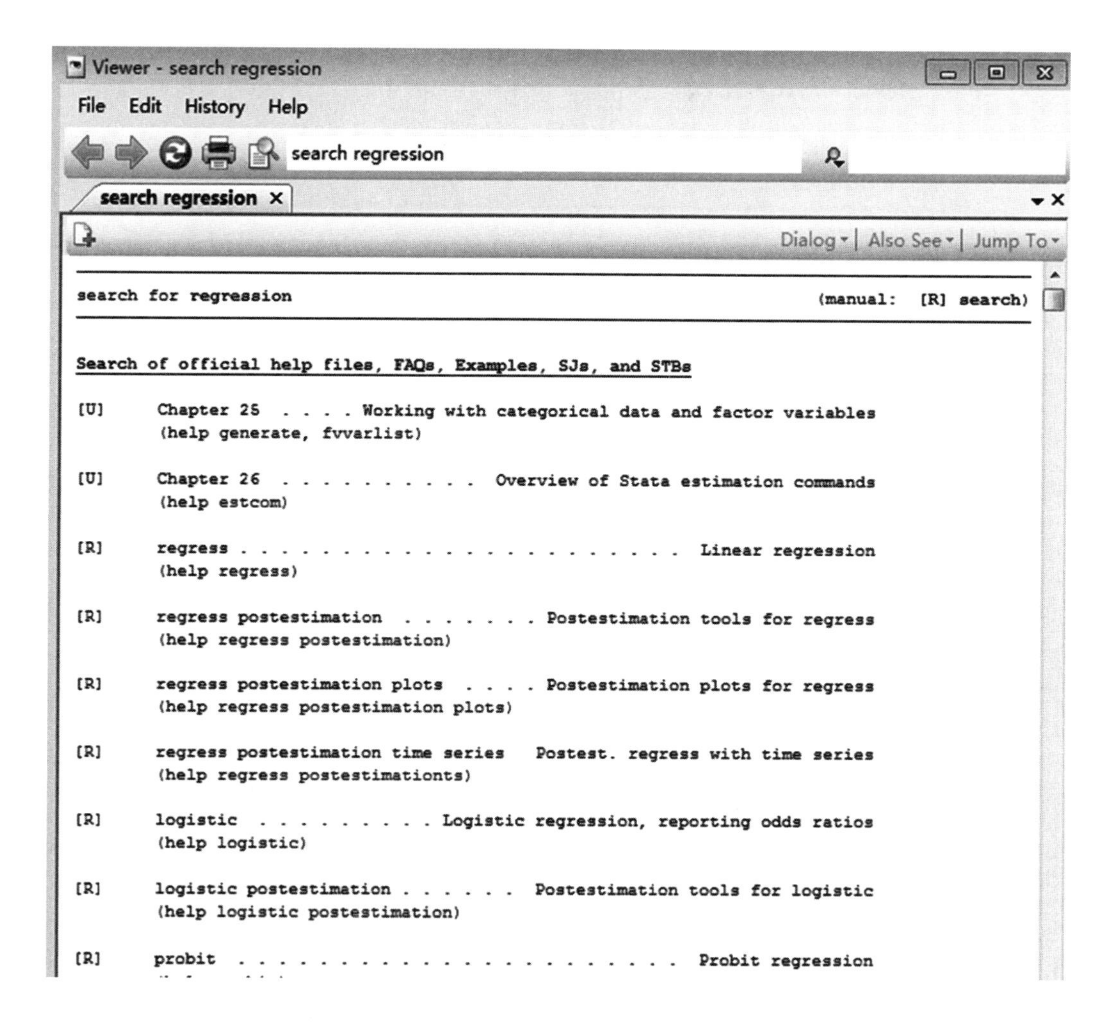

图1.43　窗口“Viewer”

1.7.2.2 Stata命令帮助

在知道Stata命令的前提下，可以搜寻相关命令的说明和操作方法。

在菜单栏点击【Help】>【Stata command】，弹出新的对话框“Stata command”（图1.44），在“Command”中输入Stata命令，点击“OK”，就会弹出新窗口“Viewer”（图1.45），给出搜寻结果。（注：regress是Stata中最常用的回归命令。）

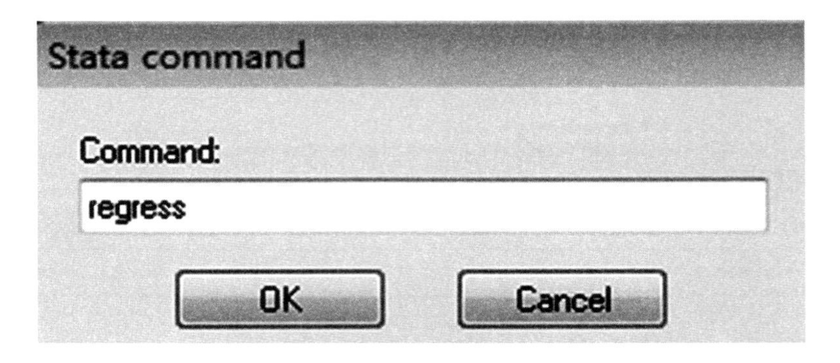

图 1.44　对话框“Stata Command”

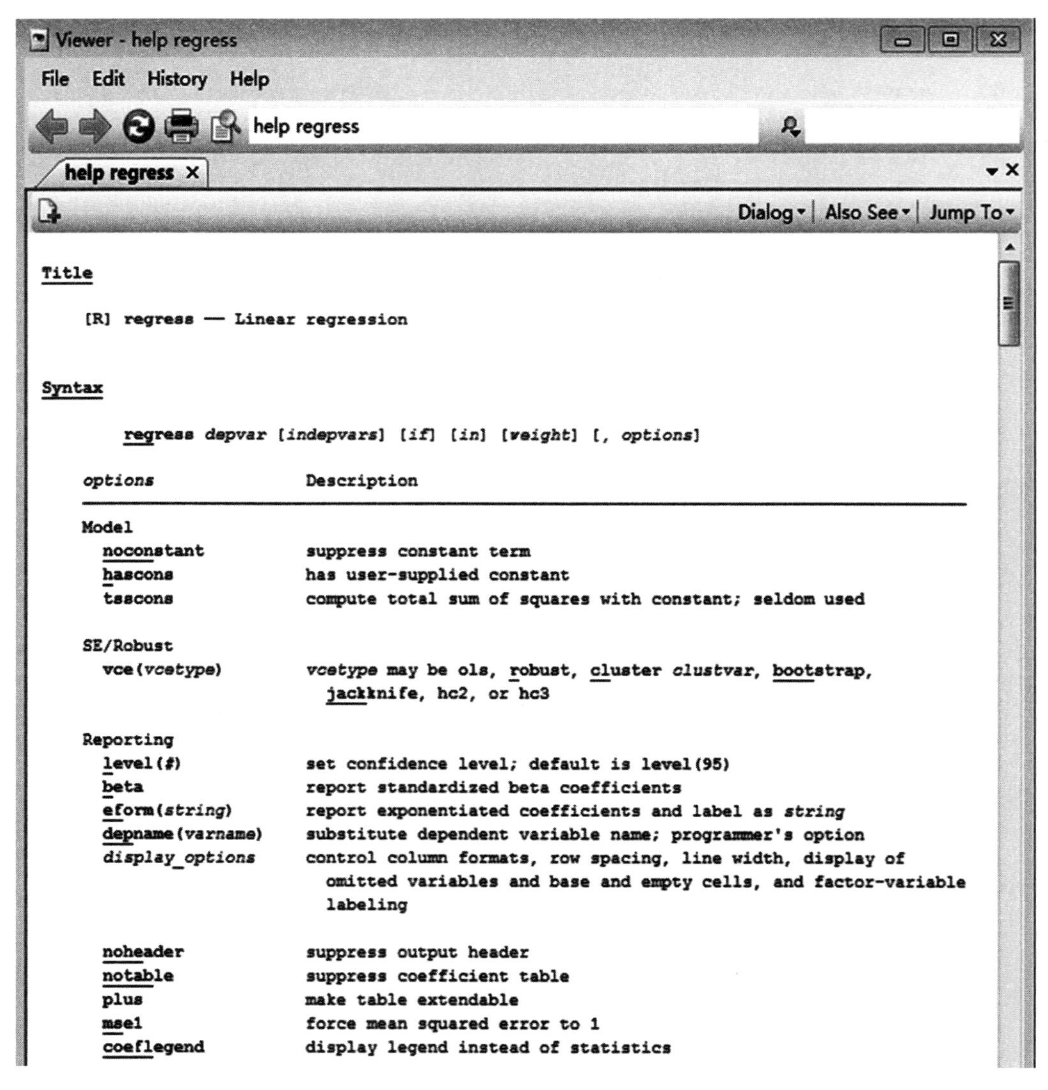

图 1.45　窗口“Viewer”

命令帮助的另一个操作方法是在工作区的【Command】窗口中输入命令:help相关命令名称(图1.46)。就会同样得到图1.45的结果。

Command
help regress

图1.46　工作区的【Command】窗口

第二章

时间序列数据的预处理

2.1 基础知识

2.1.1 时间序列的定义

在统计研究中,常用按时间序列顺序排列的一组随机变量

$$X_1, X_2, X_3, \cdots X_t, \cdots \tag{2.1}$$

来表示一个随机事件的时间序列,简记为$\{X_t, t \in T\}$或$\{X_t\}$。

用

$$x_1, x_2, x_3, \cdots x_n, \cdots \tag{2.2}$$

来表示该随机序列的n个有序观察值,称为序列长度为n的观察值序列,简记为$\{x_n\}$。称(2.2)为(2.1)的一个实现。

进行时间序列研究的目的就是揭示随机序列$\{X_t\}$的性质,而实现这个目的就要分析它的观察值序列$\{x_n\}$的性质,由观察值序列$\{x_n\}$的性质来推断随机序列$\{X_t\}$的性质。

2.1.2 平稳的统计性质

平稳时间序列有两种定义:严平稳(strictly stationary)和宽平稳(weak stationary)。严平稳采用序列的联合分布来定义,只有理论意义,而宽平稳采用序列的特征统计量来定义,具有实践意义和价值。如果不特别注明,平稳指的都是宽平稳随机序列。

平稳时间序列具有以下两个重要的统计性质:

(1) 常数均值:

$$EX_t = \mu, \forall t \in T。$$

(2) 自协方差函数和自相关系数只依赖于时间的平移长度,而与时间的起止点无关。

$$\gamma(s-t) = \gamma(k, k+s-t), \ \forall t, s, k \in T。$$

依据这个性质,可以推断出平稳时间序列一定具有常数方差:

$$DX_t = \gamma(t, t) = \gamma(0), \forall t \in T。$$

2.1.3 纯随机序列的定义

如果时间序列$\{X_t\}$满足以下性质:

(1)任取 $\forall t \in T$,有$EX_t = \mu$;

(2)$\forall t, s \in T$,有

$$\gamma(t, s) = \begin{cases} \sigma^2, & t = s, \\ 0, & t \neq s。 \end{cases}$$

称$\{X_t\}$为纯随机序列,也称为白噪声(White Noise)序列,简记为$X_t \sim WN(\mu, \sigma^2)$。白噪声序列一定是平稳序列。

2.1.4 数据的预处理

拿到一个观察值序列之后,首先要对序列的平稳性和纯随机性进行检验,这两个检验称为时间序列的预处理。根据检验的结果,将时间序列数据分为不同的类型,对不同类型的序列,采用不同的分析方法。

2.2 平稳性检验

对序列的平稳性有两种检验方法,一种是根据时序图的特征做出判断的图检法,另一种是构造检验统计量进行假设检验的方法,即统计量法。

2.2.1 实验要求

掌握经验法(图检法)和统计量法(Unit Root检验)检验平稳性。

2.2.2 实验数据

数据:1900—1998年全球7级以上地震发生次数序列,见附录表2(表中没有给出时间变量year,读者依据1.6.1.2内容自己生成时间变量)。

2.2.3 实验内容

- 导入Excel数据,建立Stata数据。

- 定义时间序列数据。
- 绘制时序图。
- 图检法检验平稳性。
- Unit Root法检验平稳性。

2.2.4　实验步骤

STEP 1 导入数据打开Stata,按照1.4.3和1.7.2的方法创建log文件和导入Excel数据并形成Stata数据(图2.1、图2.2)。

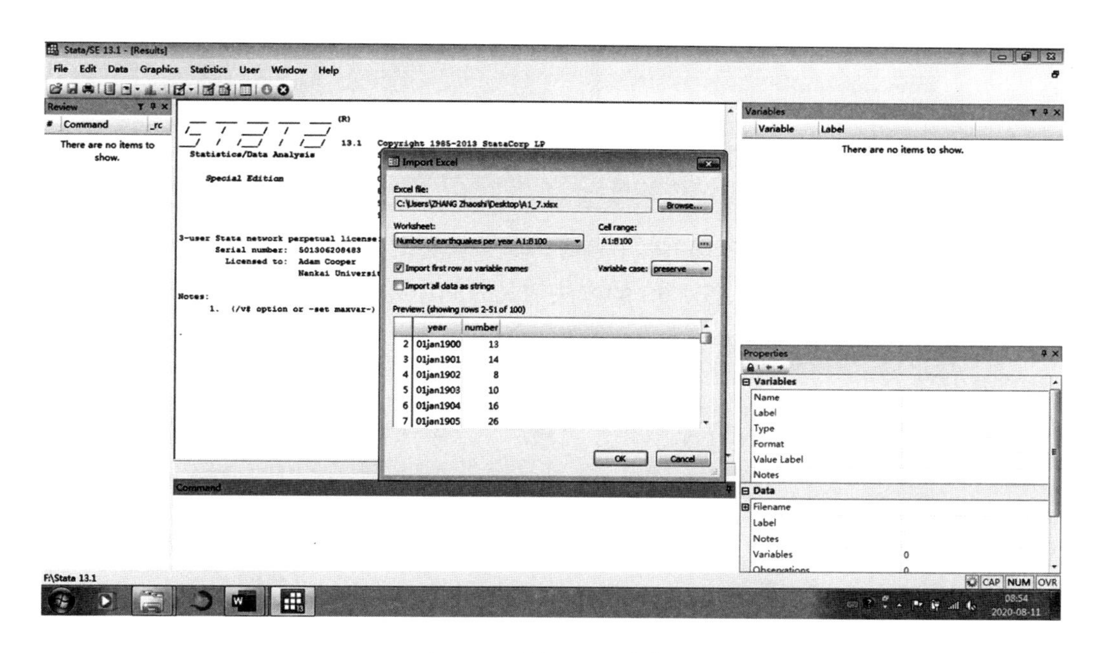

图2.1　导入Excel数据

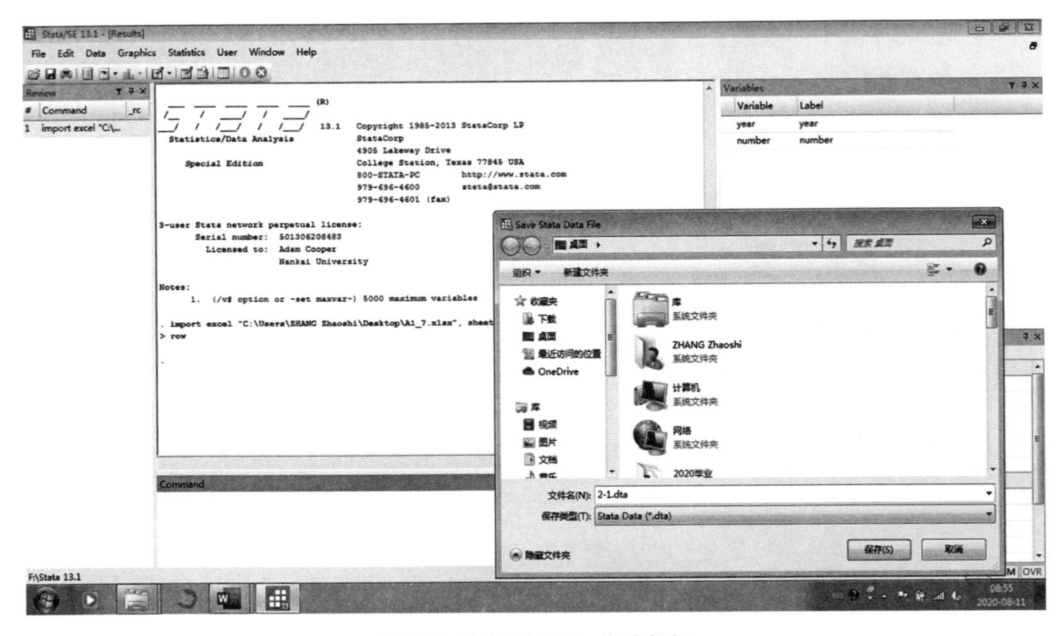

图 2.2 存储成Stata格式数据

STEP 2 定义时间序列,按1.6.1的方法定义时间序列(图2.3)。

STEP 3 绘制时序图,按1.6.2的步骤做(图2.4)。

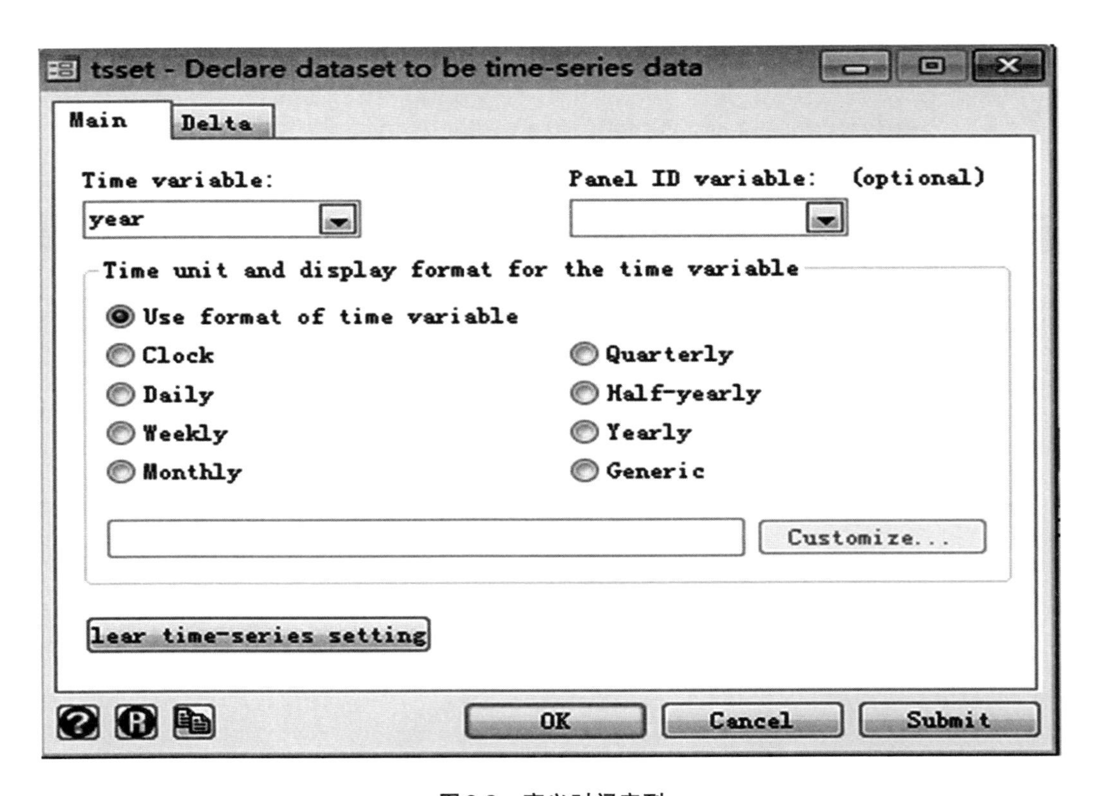

图 2.3 定义时间序列

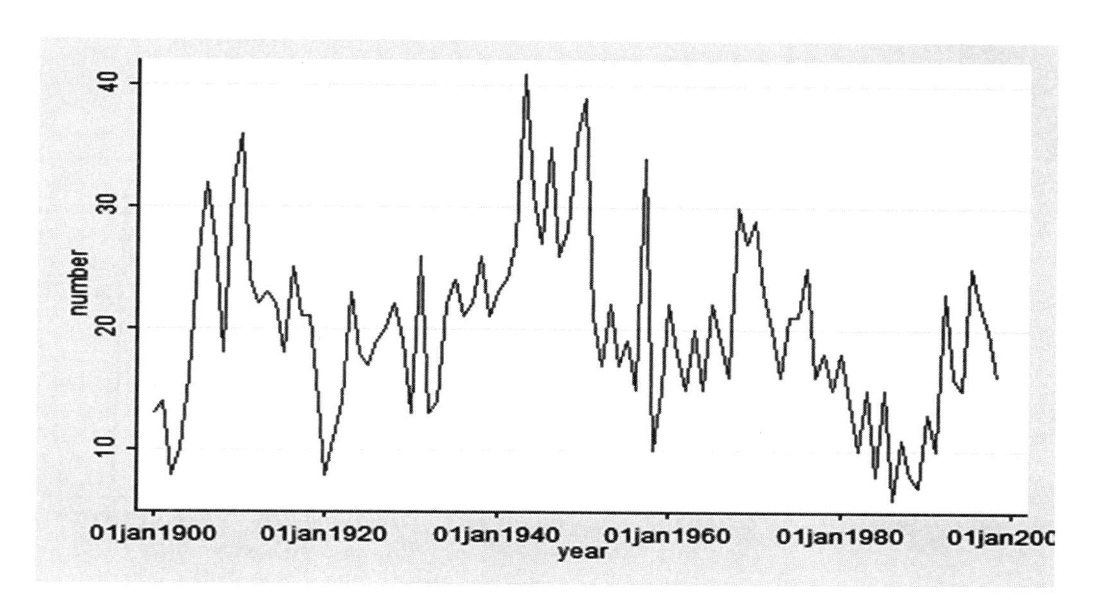

图2.4　时序图

STEP 4 图检法检验平稳性。图检法所依据的原理是平稳时间序列具有常数均值和方差。也就是说,平稳的时序图应该显示该序列始终在一个常数值附近波动,而且波动的范围大体有界。从图2.4可以看出,其值在20附近上下波动,而且波动范围大体一致,可以初步判断为平稳。如果时序图如图2.5所示,说明存在趋势;若如图2.6所示,说明存在周期。因此这两个时间序列明显是非平稳的。但是,图检法存在着很强的主观性,最好使用统计量法。

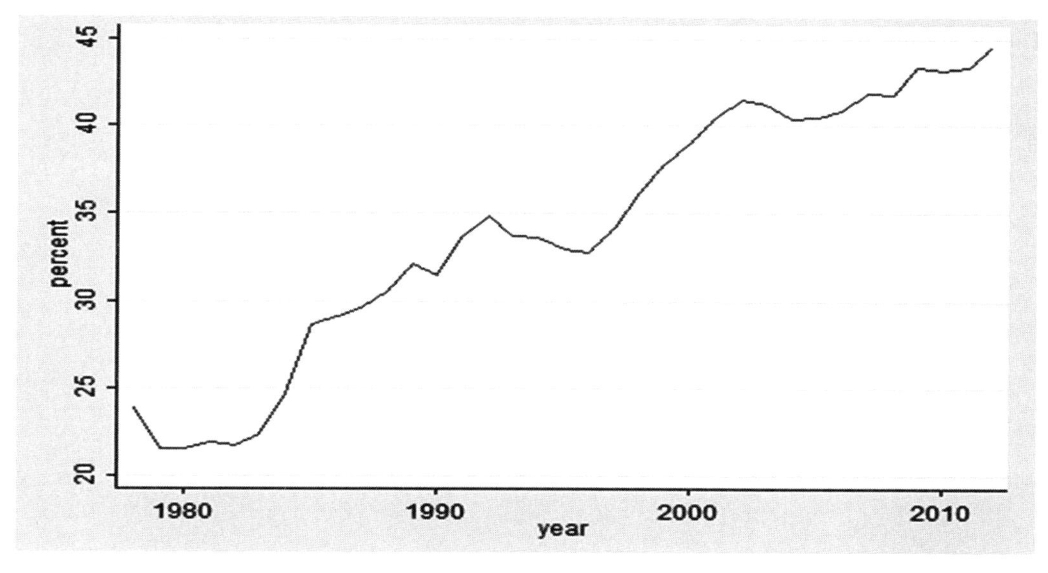

图2.5　包含趋势的时序图

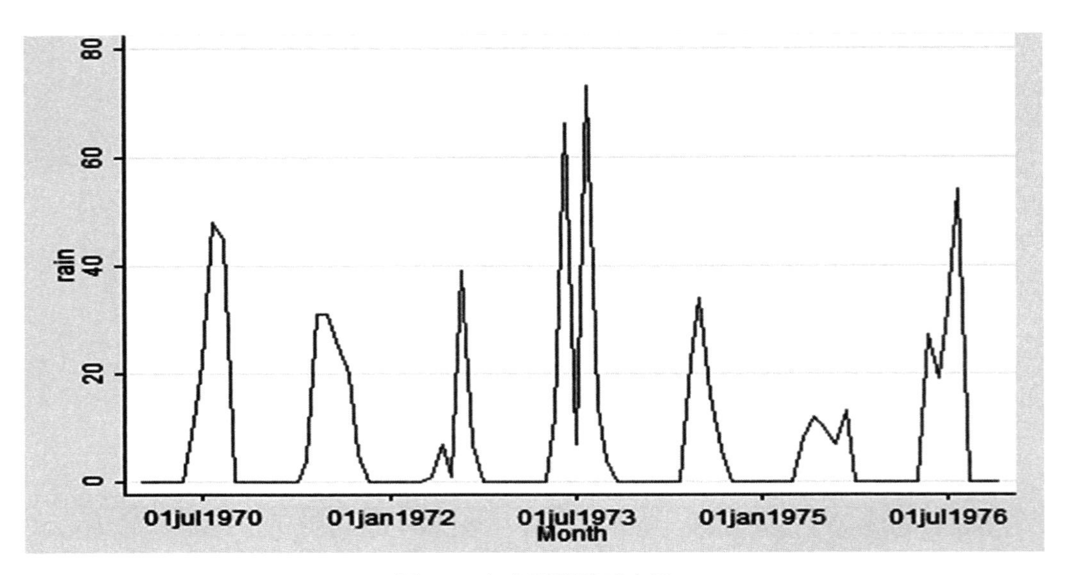

图2.6　包含周期的时序图

STEP 5 Unit Root检验平稳性(单位根检验)的理论基础是:如果序列是平稳的,那么该序列的所有特征根都在单位圆内。单位根检验的类型很多,常见的有DF检验、ADF检验、PP检验和DFGLS检验。DF检验使用面窄,这里介绍ADF检验的操作,PP检验和DFGLS检验后续补充。

DF/ADF/DFGLS/PP检验　H_0:原序列存在着单位根(非平稳序列)。

H_1:原序列不存在着单位根(平稳序列)。

操作方法一:在菜单栏上点击【Statistics】>【Time series】>【Tests】>【Augmented Dickey-Fullerunit-roottest】,弹出新的对话框窗口“dfuller”(图2.7)。

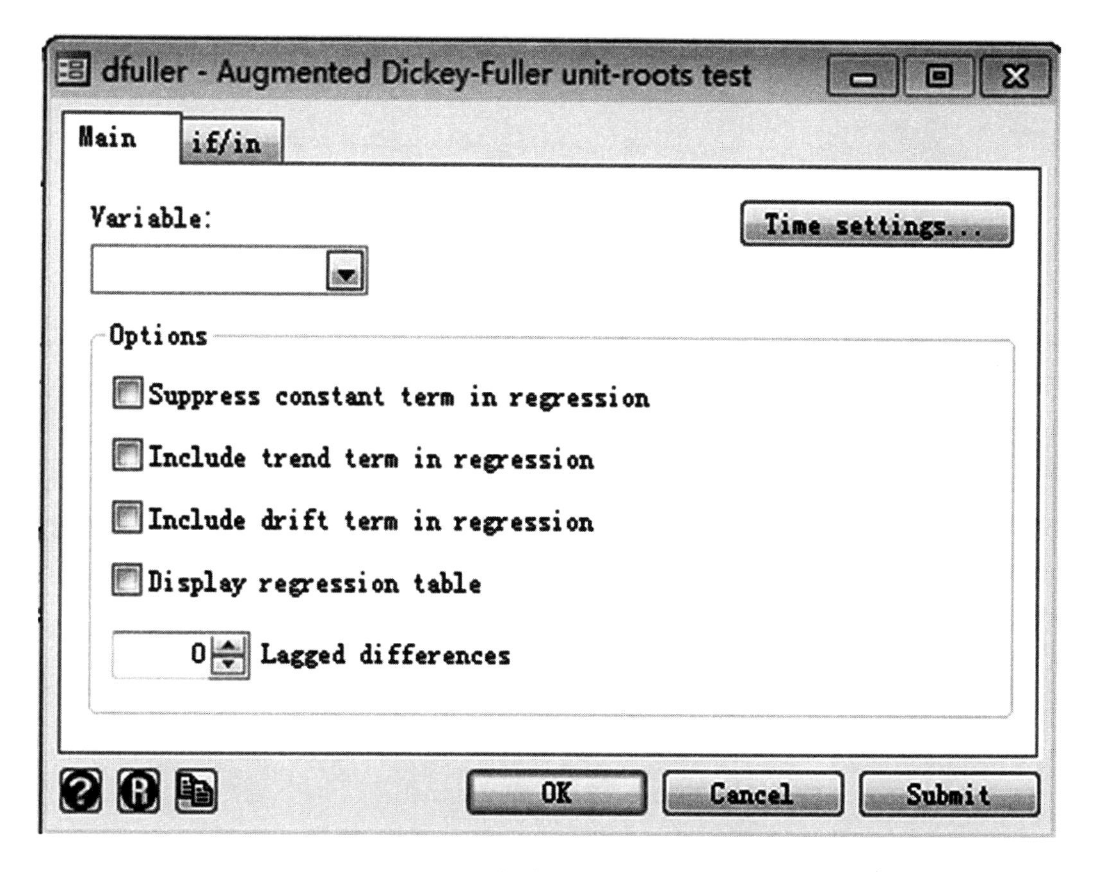

图2.7　对话框窗口"dfuller"

检验类型一:无漂移项自回归结构。在"dfuller"窗口的"Variable"选"number",在Options中选"Suppress constant term in regression",在"Lagged differences"选择0,代表延迟阶数为0(图2.8)。

点击"OK",则在工作区的【Results】窗口中显示结果(图2.9)。

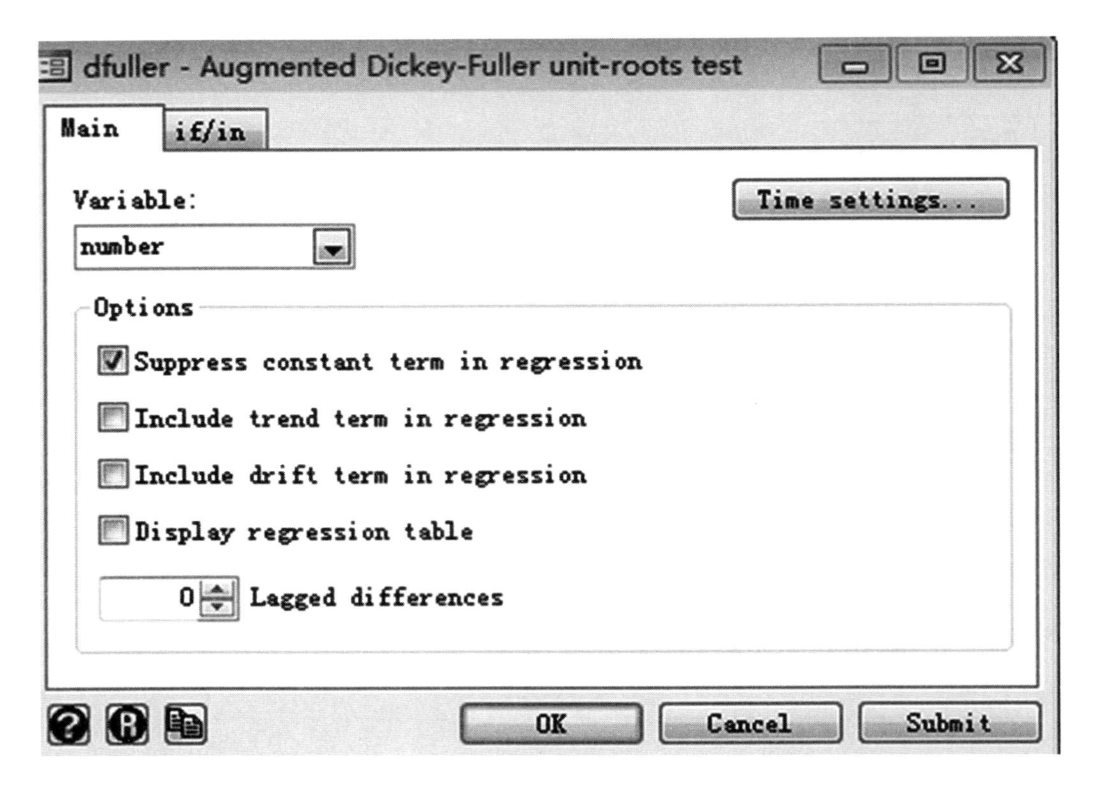

图 2.8　对话框窗口“dfuller”

```
. dfuller number, noconstant lags(0)

Dickey-Fuller test for unit root                   Number of obs   =        98

                          ---------- Interpolated Dickey-Fuller ----------
                  Test         1% Critical       5% Critical      10% Critical
               Statistic           Value             Value             Value
------------------------------------------------------------------------------
 Z(t)             -1.585            -2.601            -1.950            -1.610
```

图 2.9　工作区的【Results】窗口

接着,在“lagged difference”选择 1,2,3,代表延迟阶数为 1,2,3。分别得到结果。

然后单击回车键“Enter”,工作区的【Results】窗口中会同样得到结果(图 2.9)。

检验类型二:有漂移项自回归结构。

在“dfuller”窗口的“Variable”选“number”,在“Options”中选“Include drift term in regression”,在“Lagged differences”选择 0(图 2.10)。

点击“OK”,则在工作区的【Results】窗口中显示结果(图 2.11)。

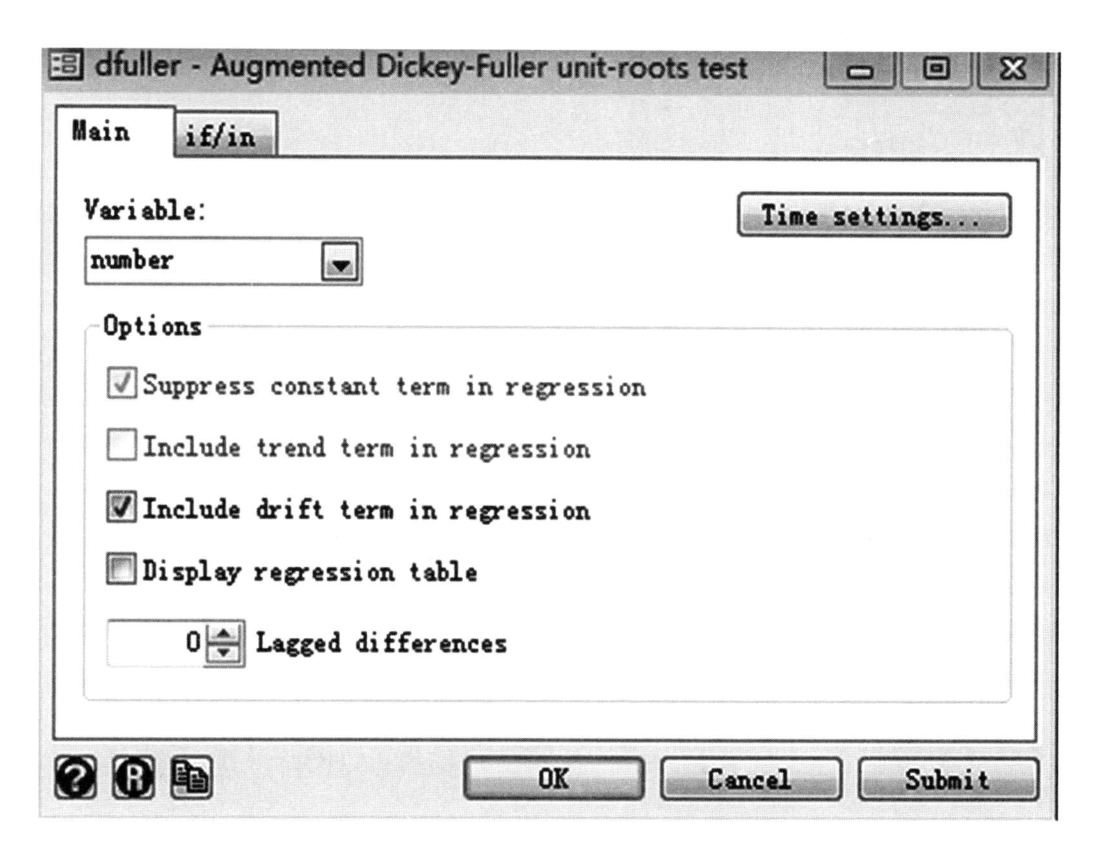

图2.10　对话框窗口“dfuller”

```
. dfuller number, drift lags(0)

Dickey-Fuller test for unit root                   Number of obs   =        98

                               ---------- Z(t) has t-distribution ----------
                  Test         1% Critical       5% Critical      10% Critical
               Statistic           Value             Value             Value
------------------------------------------------------------------------------
 Z(t)             -5.354            -2.366            -1.661            -1.290
------------------------------------------------------------------------------
p-value for Z(t) = 0.0000
```

图2.11　工作区的【Results】窗口

接着,在 Lagged differences选择1,2,3,代表延迟阶数为1,2,3。分别得到结果。

检验类型三:带趋势的回归结构。

在“dfuller”窗口的“Variable”选“number”,在“Options”中选“Include trend term in regression”,在“lagged differences”选择0(图2.12)。

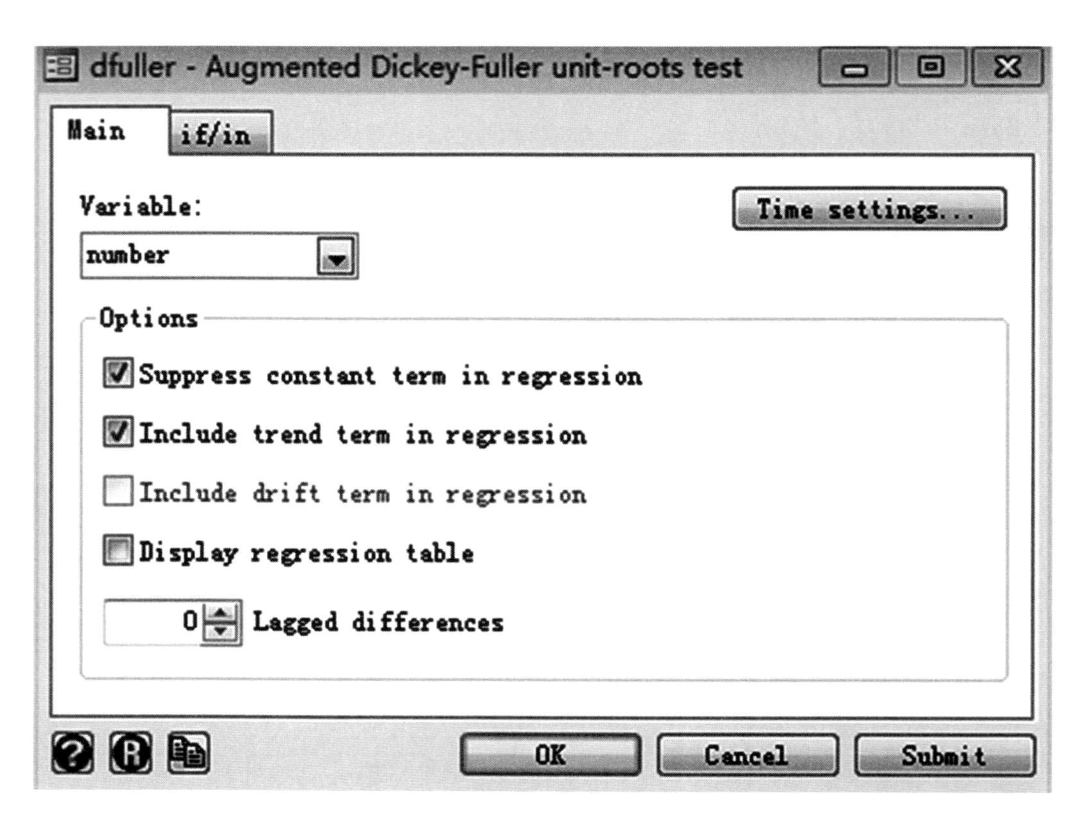

图2.12 对话框窗口“dfuller”

点击“OK”,则在工作区的【Results】窗口中显示结果(图2.13)。

```
. dfuller number, trend lags(0)

Dickey-Fuller test for unit root                   Number of obs   =        98

                               ---------- Interpolated Dickey-Fuller ---------
                  Test         1% Critical       5% Critical      10% Critical
               Statistic           Value             Value             Value
------------------------------------------------------------------------------
 Z(t)             -5.551            -4.044            -3.452            -3.151
------------------------------------------------------------------------------
MacKinnon approximate p-value for Z(t) = 0.0000
```

图2.13 工作区的【Results】窗口

接着,在 Lagged differences 选择1,2,3,代表延迟阶数为1,2,3。分别得到结果。

操作方法二:在工作区的【Command】窗口中,输入dfuller命令:

命令1,dfuller number, noconstant lags(数字)。

检验类型一:数字分别为0,1,2,3。

命令2,dfuller number, drift lags(数字)

检验类型二:数字分别为0,1,2,3。

命令3,dfuller number, trend lags(数字)

检验类型三:数字分别为0,1,2,3。

例如:检验类型二,延迟阶数为2的平稳性。在工作区【Command】窗口输入"dfuller number,drift lags(2)"(图2.14)。

点击回车键"enter",就得到结果(图2.15)。

```
Command
dfuller number, drift lags(2)
```

图2.14　工作区的【Command】窗口

```
. dfuller number, drift lags(2)

Augmented Dickey-Fuller test for unit root         Number of obs   =        96

                               ---------- Z(t) has t-distribution ----------
                  Test         1% Critical       5% Critical      10% Critical
               Statistic           Value             Value             Value
------------------------------------------------------------------------------
 Z(t)             -3.183            -2.368            -1.662            -1.291
------------------------------------------------------------------------------
p-value for Z(t) = 0.0010
```

图2.15　工作区的【Results】窗口

按上述过程,得到ADF检验结果汇总表(表2.1):

表2.1　时间序列number的ADF检验结果

类型	延迟阶数	模型结构	Test Statistic	p-value
类型一	0	$x_t = \varepsilon_t$	−1.585	------
	1	$x_t = \phi_1 x_{t-1} + \varepsilon_t$	−1.045	------
	2	$x_t = \phi_1 x_{t-1} + \phi_2 x_{t-2} + \varepsilon_t$	−0.653	------
	3	$x_t = \phi_1 x_{t-1} + \phi_2 x_{t-2} + \phi_3 x_{t-3} + \varepsilon_t$	−0.509	------
类型二	0	$x_t = \phi_0 + \varepsilon_t$	−5.354	0.0000
	1	$x_t = \phi_0 + \phi_1 x_{t-1} + \varepsilon_t$	−3.918	0.0001
	2	$x_t = \phi_0 + \phi_1 x_{t-1} + \phi_2 x_{t-2} + \varepsilon_t$	−3.183	0.0010
	3	$x_t = \phi_0 + \phi_1 x_{t-1} + \phi_2 x_{t-2} + \phi_3 x_{t-3} + \varepsilon_t$	−2.956	0.0020

续表

类型	延迟阶数	模型结构	Test Statistic	p-value
类型三	0	$x_t = \alpha + \beta t + \varepsilon_t$	-5.551	0.0000
	1	$x_t = \alpha + \beta t + \phi_1 x_{t-1} + \varepsilon_t$	-4.142	0.0055
	2	$x_t = \alpha + \beta t + \phi_1 x_{t-1} + \phi_2 x_{t-2} + \varepsilon_t$	-3.510	0.0383
	3	$x_t = \alpha + \beta t + \phi_1 x_{t-1} + \phi_2 x_{t-2} + \phi_3 x_{t-3} + \varepsilon_t$	-3.372	0.0553

ADF检验结果,关键看p-value,从表2.2中可以看到,类型二和类型三(延迟阶数=0,1,2)的p-value都小于显著性水平$\alpha = 0.05$(图2.11、图2.13、图2.15),所以认为该序列平稳,且该序列确定性部分可以用类型二和类型三(延迟阶数=0,1,2)的各种模型结构进行拟合。类型一的p-value没有显示(图2.9),说明此时的统计量分布不是常规的,所以只能提供常用显著水平下的临界值,不提供p-value判断显著与否,只能用Test Statistic值与critical value值进行比较,例:图2.9中,Test Statistic值是-1.585,小于10% critical value 值-2.601,可以判断dfuller检验是显著的。

这里要注意:(1)从原理上讲,延迟阶数的选择可以从0一直到∞。但鉴于平稳时间序列都是短期相关的,所以通常选择到3即可。(2)类型三的结构包含确定性的趋势,如检验结果满足这种类型结果,我们称之为趋势平稳(trend stationary),而2.1.2中所讲的平稳称为均值平稳(mean stationary)。

2.2.5 单位根检验的补充:dfgls检验和PP检验

Stata还提供了另外两个单位根检验,即dfgls检验和PP检验,他们都是对Dickey-Fuller检验方法的改进,dfgls检验提供了延迟阶数的最佳选择,而PP检验提供了异方差条件下的平稳性检验。dfgls检验的操作如下:

操作方法一:在菜单栏上点击【Statistics】>【Time series】>【Tests】>【DF-GLS test for a unit-root】,弹出新的对话框窗口“dfgls”(图2.16)。

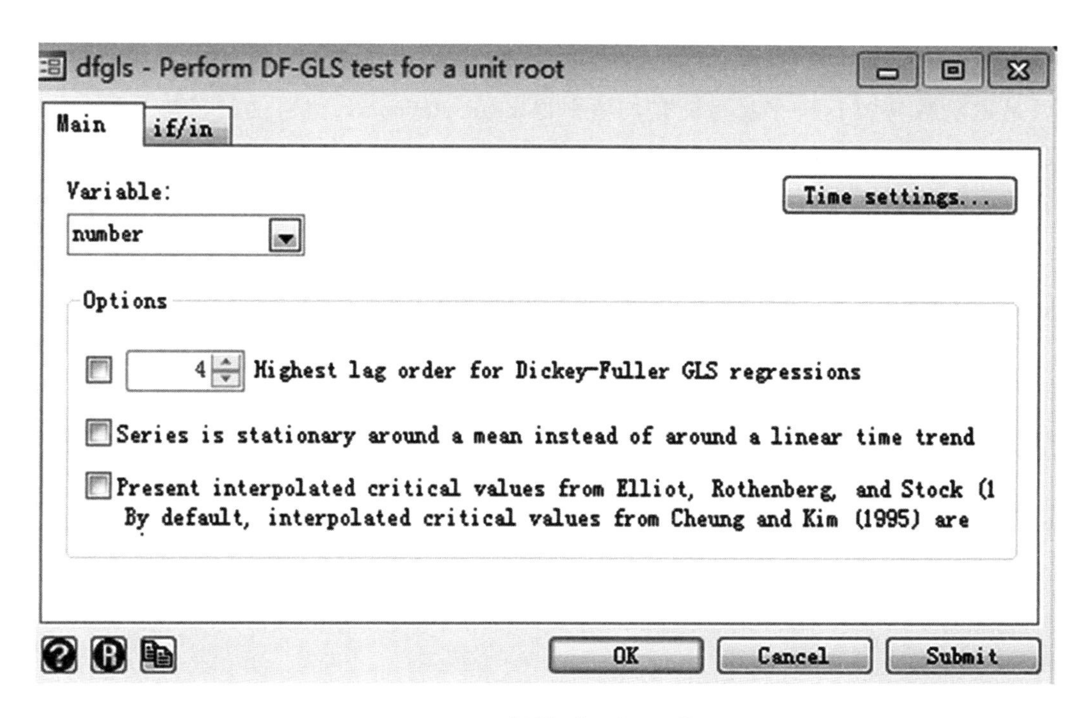

图2.16　对话框窗口“dfgls”

在“dfgls”窗口的“Variable”选“number”,“Options”不做任何选择的条件下,点击“OK”,则在工作区的【Results】窗口中显示如下结果(图2.17)。

```
. dfgls number

DF-GLS for number                                        Number of obs =    87
Maxlag = 11 chosen by Schwert criterion

               DF-GLS tau      1% Critical       5% Critical      10% Critical
  [lags]     Test Statistic        Value             Value             Value
------------------------------------------------------------------------------
    11           -2.299           -3.584            -2.776            -2.502
    10           -2.512           -3.584            -2.808            -2.532
    9            -2.967           -3.584            -2.839            -2.562
    8            -2.721           -3.584            -2.869            -2.590
    7            -2.415           -3.584            -2.898            -2.617
    6            -2.225           -3.584            -2.926            -2.643
    5            -2.448           -3.584            -2.952            -2.668
    4            -2.495           -3.584            -2.977            -2.690
    3            -2.569           -3.584            -3.000            -2.711
    2            -2.796           -3.584            -3.021            -2.730
    1            -3.411           -3.584            -3.039            -2.747

Opt Lag (Ng-Perron seq t) =  2 with RMSE  5.631629
Min SC   =  3.604354 at lag  1 with RMSE  5.759465
Min MAIC =   3.76131 at lag  3 with RMSE  5.619818
```

图2.17　工作区的【Results】窗口

从图2.17的结果可以看出，number这个时序是平稳的时间序列，且模型结构最佳的延迟阶数为2（这种平稳可能是均值平稳mean stationary，也可能是趋势平稳trend stationary）。这个命令避免了ADF检验法需要对被检验序列可能包含常数项和趋势项的假设，使用起来比较方便。

如果不考虑趋势平稳，则可以在对话框窗口“dfgls”中“Options”选择“Series is stationary around a mean instead of around a linear time trend”（图2.18）。

点击“OK”，则在工作区的【Results】窗口中显示如下结果（图2.19）。

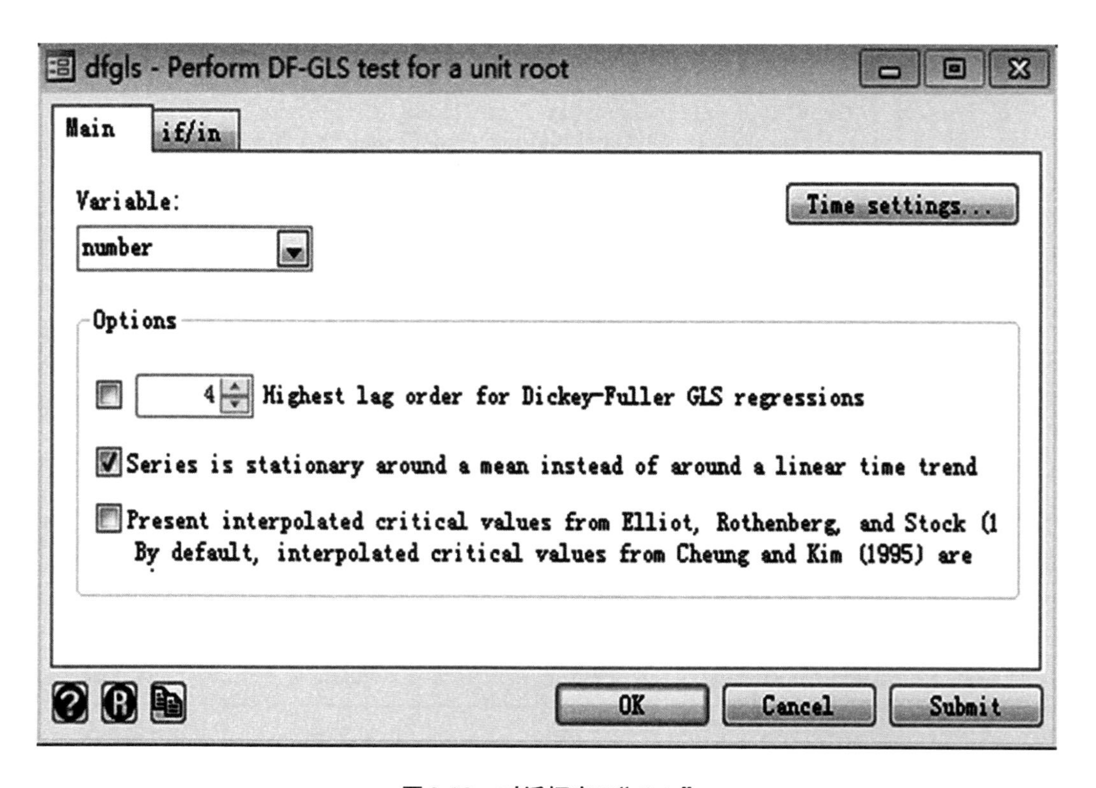

图2.18 对话框窗口“dfgls”

```
. dfgls number, notrend

DF-GLS for number                                    Number of obs =    87
Maxlag = 11 chosen by Schwert criterion

              DF-GLS mu      1% Critical        5% Critical      10% Critical
  [lags]    Test Statistic      Value              Value             Value
------------------------------------------------------------------------------
    11         -1.871          -2.600            -1.986            -1.687
    10         -2.051          -2.600            -2.002            -1.703
    9          -2.418          -2.600            -2.017            -1.718
    8          -2.278          -2.600            -2.033            -1.733
    7          -2.063          -2.600            -2.048            -1.748
    6          -1.933          -2.600            -2.064            -1.762
    5          -2.121          -2.600            -2.078            -1.776
    4          -2.170          -2.600            -2.092            -1.789
    3          -2.245          -2.600            -2.106            -1.802
    2          -2.456          -2.600            -2.118            -1.813
    1          -2.990          -2.600            -2.129            -1.823

Opt Lag (Ng-Perron seq t) =  2 with RMSE  5.684577
Min SC   =   3.62951 at lag  2 with RMSE  5.684577
Min MAIC =  3.705979 at lag  3 with RMSE  5.666423
```

图2.19　工作区的【Results】窗口

从图2.19的结果可以看出，number这个时序是均值平稳的时间序列，且模型结构最佳的延迟阶数为2。

操作方法二：在工作区的【Command】窗口中，输入dfgls命令：

命令：dfgls　变量名。

PP检验是对ADF检验的修正，适用于异方差场合的平稳性检验。PP检验的操作在第5章介绍。

2.3　纯随机性检验

纯随机性检验也称为白噪声检验。如果一个序列是纯随机序列，那么它的序列值之间没有任何相关关系。由于观察值序列的有限性，纯随机序列的样本自相关系数不会绝对为零。在平稳性检验结束后，马上要进行白噪声检验。

2.3.1　实验要求

掌握统计量法检验平稳性。

2.3.2 实验数据

数据：1900—1998年全球7级以上地震发生次数序列，见附录表2。

2.3.3 实验内容

- Portmanteau（Q）test。
- Bartlett′s（B）test。

2.3.4 实验步骤

在平稳性检验完成并确认时序数据是平稳时间序列（均值平稳/趋势平稳）之后，接下来要做白噪声检验。

STEP 1 Portmanteau（Q）test，即教材上常说的Q检验。

Q检验 H_0: $\rho_1 = \rho_2 = \cdots = \rho_m = 0, \forall m \geqslant 1$ （是白噪声）。

H_1: 至少存在某个$\rho_k \neq 0, \forall m \geqslant 1, k \leqslant m$ （非白噪声）。

操作方法一：在菜单栏上点击【Statistics】>【Time series】>【Tests】>【Portmanteau test for white-noise】，弹出新的对话框窗口“wntestq”（图2.20）。

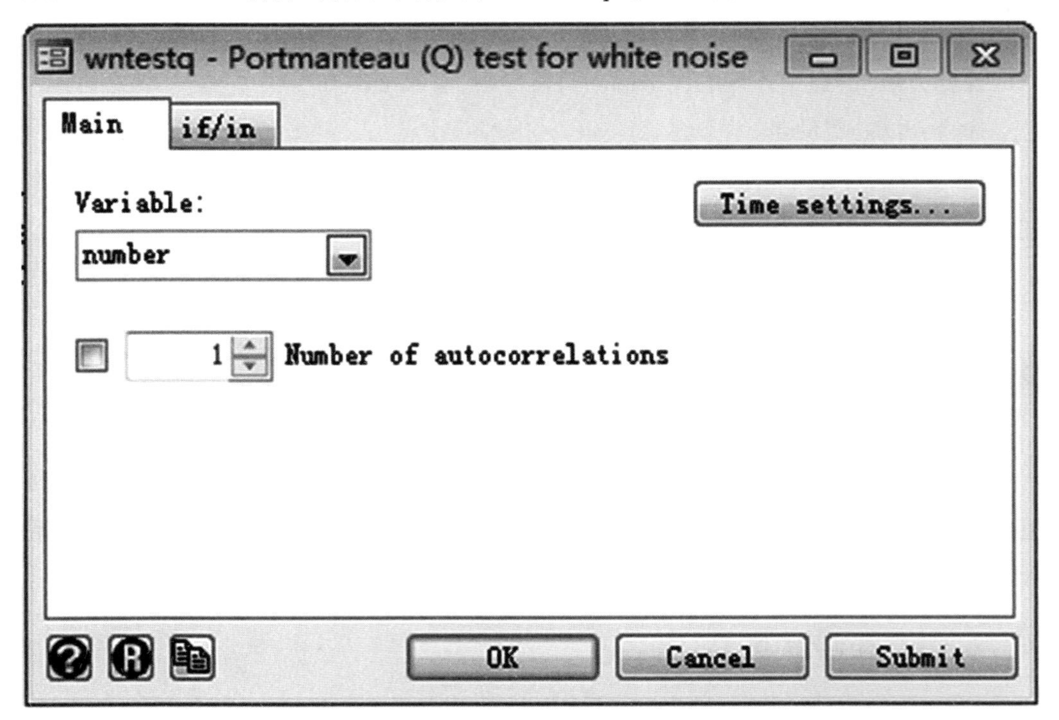

图2.20 对话框窗口“wntestq”

点击“OK”,则在工作区的【Results】窗口中显示如下结果(图2.21)。

```
. wntestq number

Portmanteau test for white noise
---------------------------------------------------
 Portmanteau (Q) statistic =    117.7841
 Prob > chi2(40)           =      0.0000
```

图2.21 工作区的【Results】窗口

从图2.21的结果显示,其p-value为0.0000,小于显著性水平$\alpha = 0.05$,则拒绝H_0,接受H_1,说明number这个时序在延迟40阶之内是均值平稳的非白噪声序列。

操作方法二:在工作区的【Command】窗口中,输入“wntestq”命令:

命令1: wntestq 变量名。

命令2: wntestq 变量名,lags(k) 检验延迟k阶的时序是否为白噪声。

例如:检验延迟6阶的时序number序列是否为白噪声(图2.22)。

点击回车键“Enter”,就得到结果(图2.23)。

```
Command
wntestq number, lags(6)
```

图2.22 工作区的【Command】窗口

```
. wntestq number, lags(6)

Portmanteau test for white noise
---------------------------------------------------
 Portmanteau (Q) statistic =     84.7342
 Prob > chi2(6)            =      0.0000
```

图2.23 工作区的【Results】窗口

图2.23的显示Prob>chi2(6)=0.0000,说明其p-value为0.0000,小于显著性水平$\alpha = 0.05$,则拒绝H_0,接受H_1,说明number这个时序在延迟6阶之内是均值平稳的非白噪声序列。

这里需要说明一下，通常白噪声检验只检验前6期和前12期，不需要进行全部延迟阶数的检验（比如：999期）。一方面，平稳序列常具有短期相关性，也就是说显著的相关关系只存在于延迟时期比较短的序列值之间，如果一个平稳时序短期延迟的序列值之间都不存在显著的相关关系，通常长期延迟之间就更不会存在显著的相关关系了。另一方面，假如一个平稳时序显示出短期相关性，那么该序列一定不是白噪声序列，我们就可以对序列值之间的相关性进行分析。如果考虑的延迟阶数太长，反而可能会淹没了该序列的短期相关性。

STEP 2 Bartlett's（B）test 即教材上常说的B检验。

B 检验 H_0: $\rho_1 = \rho_2 = \cdots = \rho_m = 0, \forall m \geqslant 1$ （是白噪声）。

H_1: 至少存在某个$\rho_k \neq 0, \forall m \geqslant 1, k \leqslant m$ （非白噪声）。

操作方法一：在菜单栏上点击【Statistics】>【Time series】>【Tests】>【Bartlett's Cumulative periodogram white-noise test】，弹出新的对话框窗口“wntestb”（图2.24）。

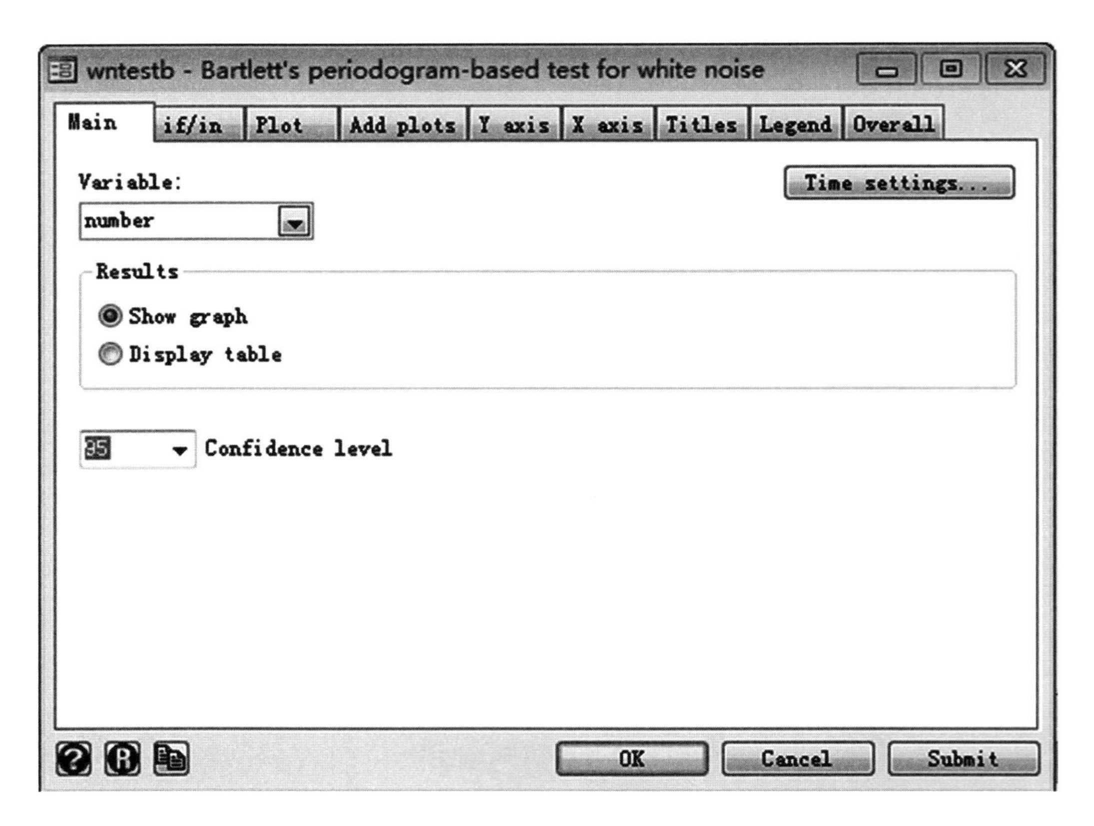

图2.24 对话框窗口“wntestb”

在对话框窗口“wntestb”中“Results”如果选择“Display table”，则点击“OK”后，会

在工作区【Results】窗口中显示如下结果(图2.25)。

```
. wntestb number, table

Cumulative periodogram white-noise test

 Bartlett's (B) statistic  =     3.0254
 Prob > B                  =     0.0000
```

图2.25　工作区【Results】窗口

图2.25显示Prob>B=0.0000,说明其p-value为0.0000,小于显著性水平$\alpha = 0.05$,拒绝H_0,接受H_1,说明number这个时序是均值平稳的非白噪声序列。

在对话框窗口“wntestb”中Results如果选择“Show graph”,点击“OK”则显示结果(图2.26)。

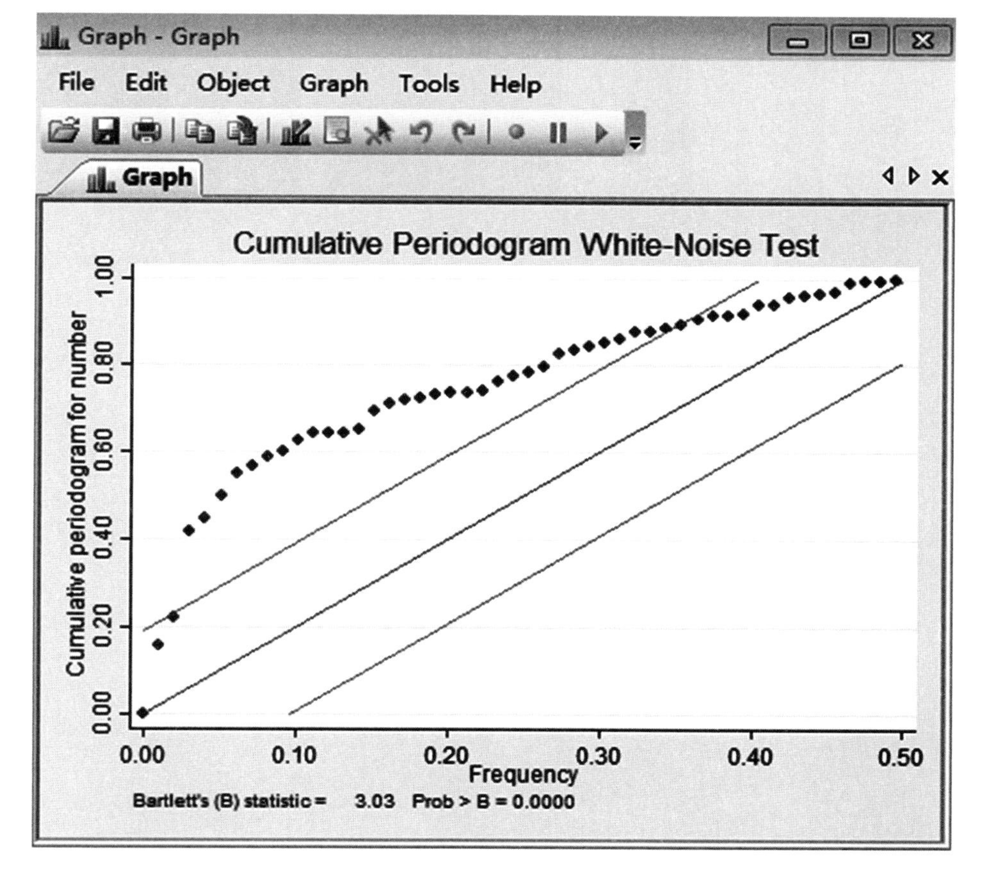

图2.26　Wntestb图示结果

图2.26显示,累计周期值并没有落在上下两条平行线之间(图上的点),说明number这个时序是均值平稳的非白噪声序列。

第三章

平稳时间序列模型

3.1 基础知识

3.1.1 Wold分解定理

Wold分解定理告诉我们，平稳时间序列$\{x_t\}$一定可以分解成$x_t = \nu_t + \xi_t$的形式，其中：

ν_t称为$\{x_t\}$的确定性部分，它可以表达为$\{x_t\}$历史信息的线性组合：

$$\nu_t = \sum_{j=1}^{\infty} \phi_j \varepsilon_{t-j} \tag{3.1}$$

ξ_t称为$\{x_t\}$的随机性部分，它可以表达为纯随机波动$\{\varepsilon_t\}$的线性组合：

$$\xi_t = \sum_{i=0}^{\infty} \theta_i \varepsilon_{t-i} \tag{3.2}$$

即平稳时间序列$\{x_t\}$可以表达为如下模型形式：

$$x_t = \sum_{j=1}^{\infty} \phi_j x_{t-j} + \sum_{i=0}^{\infty} \theta_i \varepsilon_{t-i} \tag{3.3}$$

式(3.3)被称为自回归移动平均模型(Autoregressive Moving Average Model)，简称ARMA模型。它又可分为AR模型、MA模型和ARMA模型。

3.1.2 模型的统计性质

平稳时间序列的具体结构是由模型的统计性质所决定的，即AR(p)模型、MA(q)模型和ARMA(p,q)模型的均值$E(x_t)$、方差$Var(x_t)$、自协方差γ_k、自相关系数ρ_k和偏自相关系数ϕ_{kk}所决定的。其中，对模型区分起决定作用的是自相关系数ρ_k和偏自相关系数ϕ_{kk}。在拟合模型时，就是观察样本的自相关系数函数$\hat{\rho}_k$和偏自相关系数函数$\hat{\phi}_{kk}$的拖尾/截尾特征来确定模型的具体结构(表3.1)。

所谓拖尾，指的是自相关系数ρ_k和偏自相关系数ϕ_{kk}的值始终非零，不会在k大于某个常数之后恒等于零。而截尾指的是自相关系数ρ_k和偏自相关系数ϕ_{kk}的值在k大于某个常数之后恒等于零。

表 3.1　ARMA 模型（系列）的自相关系数与偏自相关系数的统计性质

模型	自相关系数	偏自相关系数
AR(p)	拖尾	p阶截尾
MA(q)	q阶截尾	拖尾
ARMA(p,q)	拖尾	拖尾

3.1.3　建模步骤

（1）检验观察值序列为平稳非白噪声序列。

（2）求出观察值序列的样本自相关系数函数（ACF）和样本偏自相关系数函数（PACF）。

（3）根据样本自相关系数函数（ACF）和样本偏自相关系数函数（PACF）的性质，选择阶数适当的 ARMA(p,q)进行拟合。

（4）估计模型中未知参数的值。

（5）检验模型的有效性。如果模型通不过检验，转向（3），重新选择模型再拟合。

（6）模型优化。如果模型通过检验，仍然转向（3），充分考虑各种可能，建立多个拟合模型，从中选取较优模型。

（7）利用拟合模型，预测序列的未来趋势。

3.1.4　预测方法

构建时间序列模型的目的是预测。依据采用的x_{t-1}（观测值）或$\hat{x}_{t-1}$（拟合值）的不同，预测方法分为两种：One-Step-Ahead 预测和 Dynamic 预测。

例如：AR（1）模型：

$$x_t = \phi_1 x_{t-1} + \varepsilon_t。$$

One-Step-Ahead 预测就是：

$$\widehat{x_t} = \widehat{\phi_1} x_{t-1} + \widehat{\varepsilon_t}。$$

也就是说，这种预测是基于观察值x_{t-1}，$\hat{x}_t$、$\hat{\phi}_1$和$\hat{\varepsilon}_t$指的是估计值（预测值）。这种预测方法对于具有t期观察值的时间序列来说，只能预测到t+1期（t期的观察值是存在的)，而无法预测t+2期，因为此时，t+1期的观察值是不存在的，我们只能采用t+1期的估计值(预测值)去计算t+2期的预测值，这就是Dynamic预测方法：

$$\hat{x}_{t+2}=\hat{\phi}_1\hat{x}_{t+1}+\hat{\varepsilon}_{t+2}。$$

也就是说，Dynamic预测方法的标准表达式是：

$$\hat{x}_t=\hat{\phi}_1\hat{x}_{t-1}+\hat{\varepsilon}_t。$$

3.2 模型识别

平稳时间序列的模型识别是利用观察值的样本自相关系数和样本偏自相关系数的拖尾性或截尾性来确定ARMA(p,q)的p及q的值。

3.2.1 实验要求

掌握判别样本自相关系数和样本偏自相关系数的经验法(图示法)。

3.2.2 实验数据

数据1:1900—1998年全球7级以上地震发生次数序列，见附录表2。

数据2:科罗拉多州某加油站连续57天的盈亏序列，见附录表3。

数据3:1880—1985年全球气表平均温度改变值序列，见附录表4。

(操作要求:对此序列的一阶差分序列进行拟合。)

3.2.3 实验内容

- 形成记录文件。
- 平稳性检验。
- 白噪声检验。
- 计算样本自相关系数。
- 计算样本偏自相关系数。
- 模型定阶。

3.2.4 实验步骤

STEP 1 形成记录文件(略，步骤见1.7.1)。

STEP 2 导入Excel数据，形成Stata格式数据，定义时间变量，进行平稳性检验(Unit Root)(略，步骤见2.2.4)。

STEP 3 白噪声检验(略，步骤见2.3.4)。

以下操作数据1。

STEP 4 操作方法一：计算自相关系数(图)。在菜单栏上【Statistics】>【Time series】>【Graphs】>【Correlogram(ac)】，跳出新的对话框窗口“ac”(图3.1)，在“Variable”中选择相应的变量名，然后点击“OK”，弹出新的窗口“Graph”，即自相关系数图ACF(图3.2)。

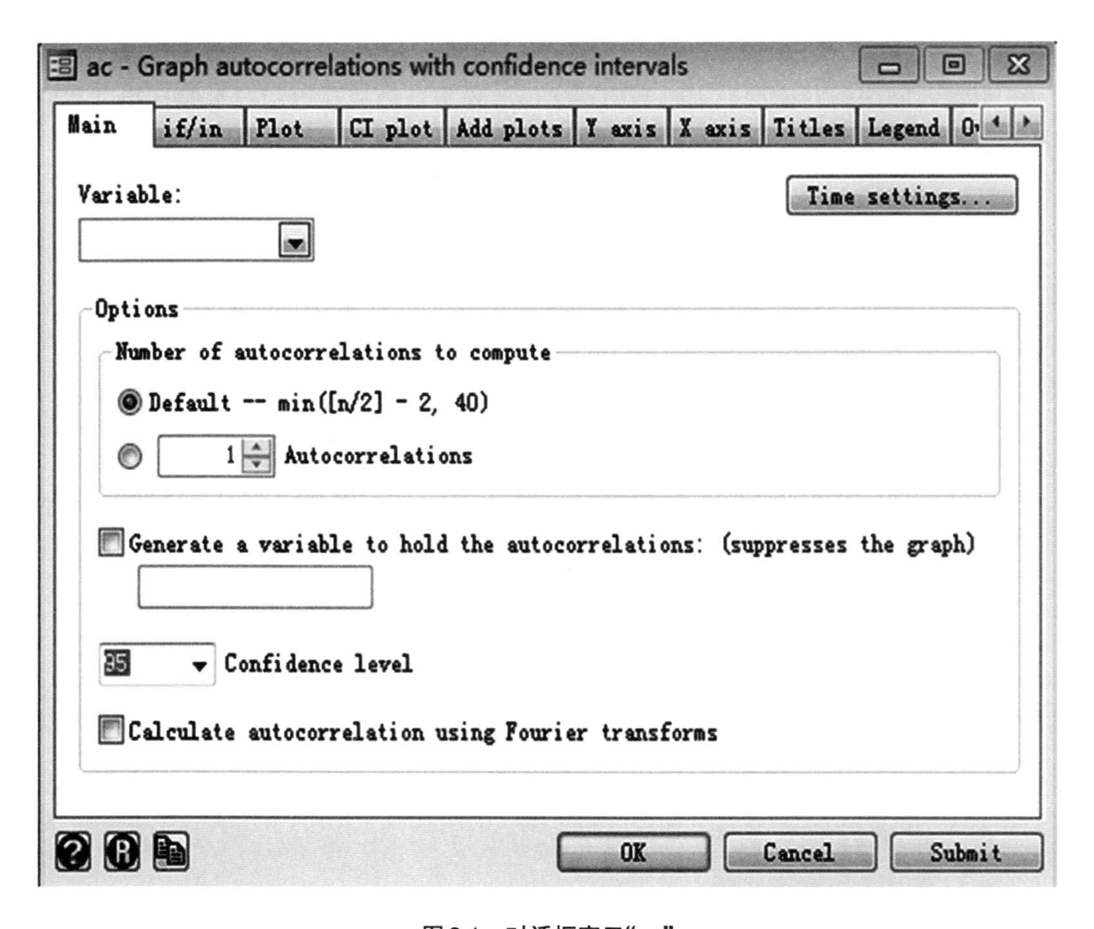

图3.1 对话框窗口“ac”

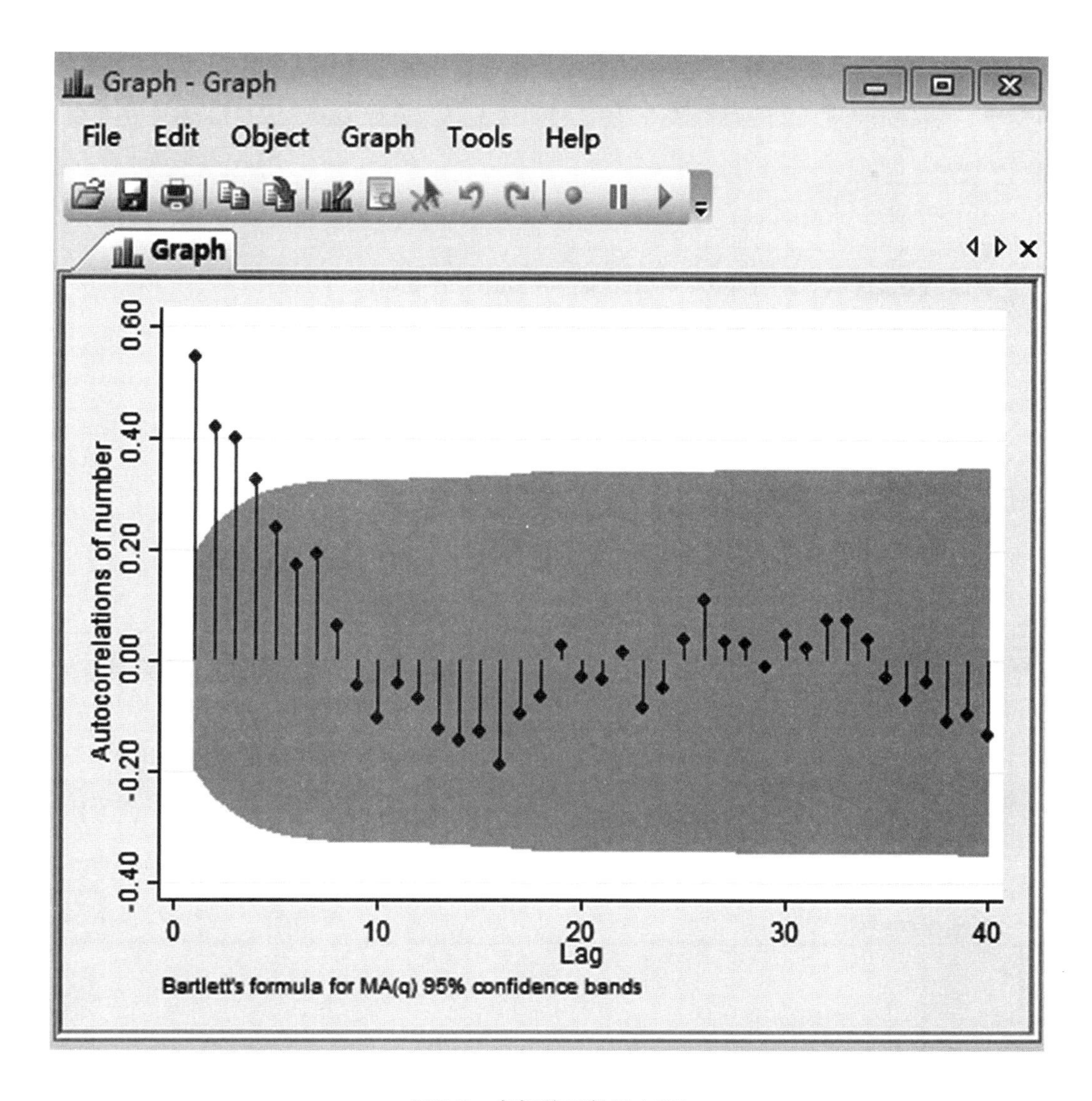

图3.2　自相关系数图ACF

操作方法二:在工作区的【Command】窗口中输入命令:

命令1:ac 变量名。

回车"Enter"后,同样得到图3.2的结果。

STEP 5 操作方法一:计算偏自相关系数(图)。在菜单栏上点击【Statistics】>【Time series】>【Graphs】>【Partial Correlogram(pac)】,跳出新的对话框窗口"pac"(图3.3),在"Variable"中选择相应的变量名,然后点击"OK",弹出新的窗口"Graph",即偏自相关系数图PACF(图3.4)。

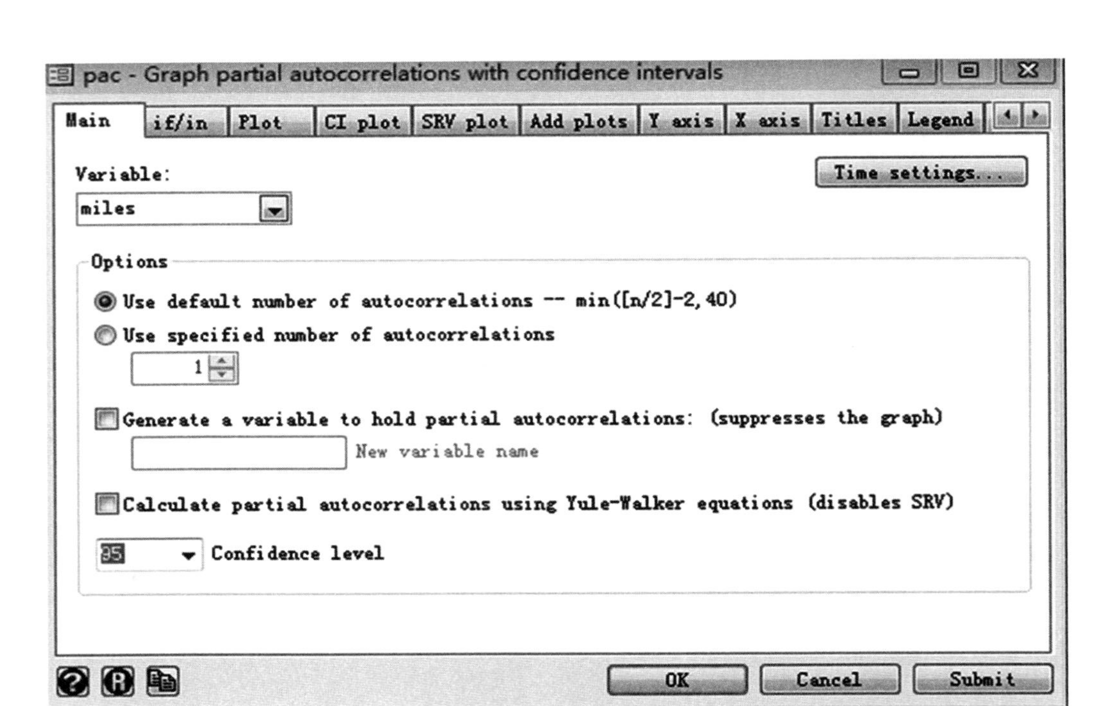

图3.3　对话框窗口“pac”

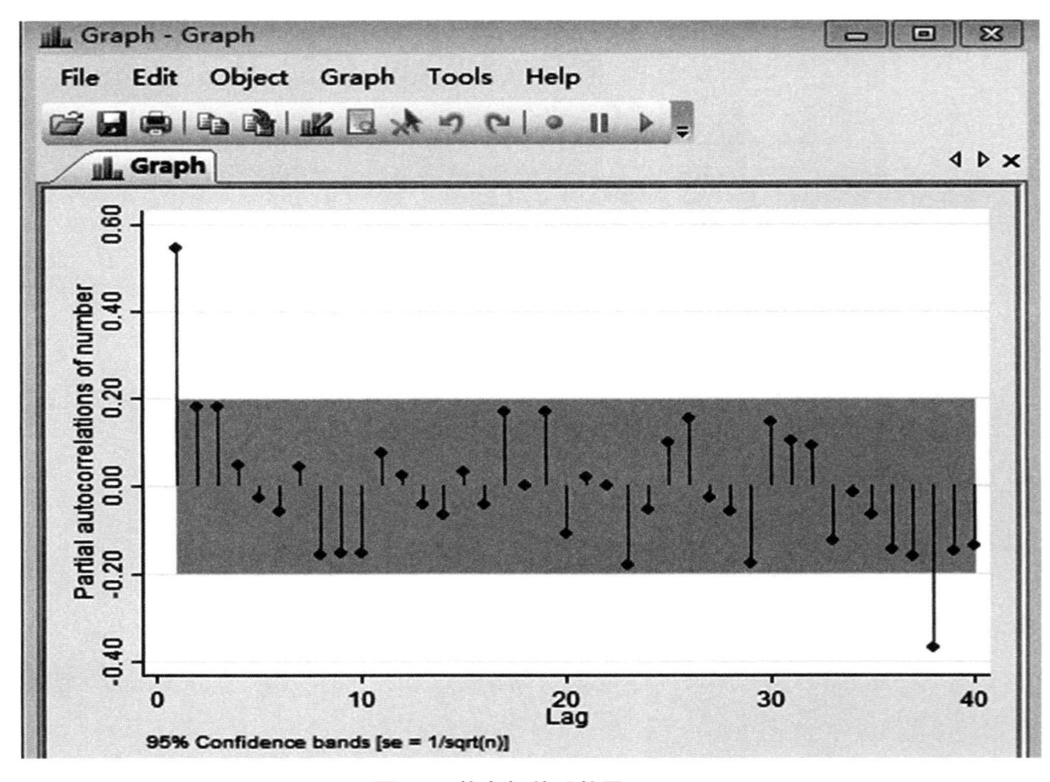

图3.4　偏自相关系数图PACF

操作方法二：在工作区的【Command】窗口中输入命令：

命令1：pac　变量名。

回车“Enter”后，同样得到图3.4的结果。

STEP 6　模型定阶。ARMA模型定阶的基本原则见表3.2。但在实践中，这个定阶原则在操作上有一定的难度。由于样本和总体总是存在着差异，样本的相关系数不会呈现出理论截尾的完美情况，本应截尾的样本自相关系数或偏自相关系数仍会出现小值振荡。同时，平稳时间序列通常都具有短期相关性，随着延迟阶数$k \to \infty$，$\widehat{\rho_k}$和$\widehat{\phi_{kk}}$都会衰减到零值附近作小值波动。也就是说，样本的自相关系数和偏自相关系数在延迟若干阶之后必然会衰减为小值波动，这给判断拖尾和截尾增加了困难。

表3.2　ARMA模型定阶的原则

$\hat{\rho}_k$	$\hat{\phi}_{kk}$	模型定阶
拖尾	p阶截尾	AR(p)
q阶截尾	拖尾	MA(q)
拖尾	拖尾	ARMA(p,q)

从实践上看，这个判断很大程度上依靠分析人员的主观经验。通常判定原则是：如果样本自相关系数或偏自相关系数在最初的d阶明显超过2倍标准差范围，而后几乎95%的自相关系数都落在2倍标准差范围之内，而且由非零系数值衰减为小值波动的过程非常突然，这时，通常视为截尾，截尾阶数为d。如果非零系数值衰减为小值波动的过程比较缓慢或者非常连续，这时候视为拖尾。

图3.5（自相关系数图，Autocorrelations of miles）所显示的灰色区域，就是自相关系数的2倍标准差范围。从图中可以看出，自相关系数的衰减是一个有规律的渐变的过程，是按指数函数轨迹衰减的。不是一个突然的过程，因此，自相关系数图具有典型的拖尾特征。

图3.6（偏自相关系数图，Partial Autocorrelations of miles）所显示的灰色区域，就是偏自相关系数的2倍标准差范围。从图中可以看出，除了1阶偏自相关系数在2倍标准差范围之外，其他阶数的偏自相关系数都在2倍标准差范围内。而且，1、2、3阶的值变化突然，这是一个偏自相关系数1阶截尾的典型特征。

依据自相关系数拖尾，偏自相关系数1阶截尾的属性，初步确定拟合的模型为AR

(1)模型。

对于数据2,其自相关系数图ACF为图3.5,显示出1阶截尾的特性;偏自相关系数图PACF为图3.6,显示出拖尾的特性。依据STEP 6判别法则,初步确定拟合的模型为MA(1)模型。

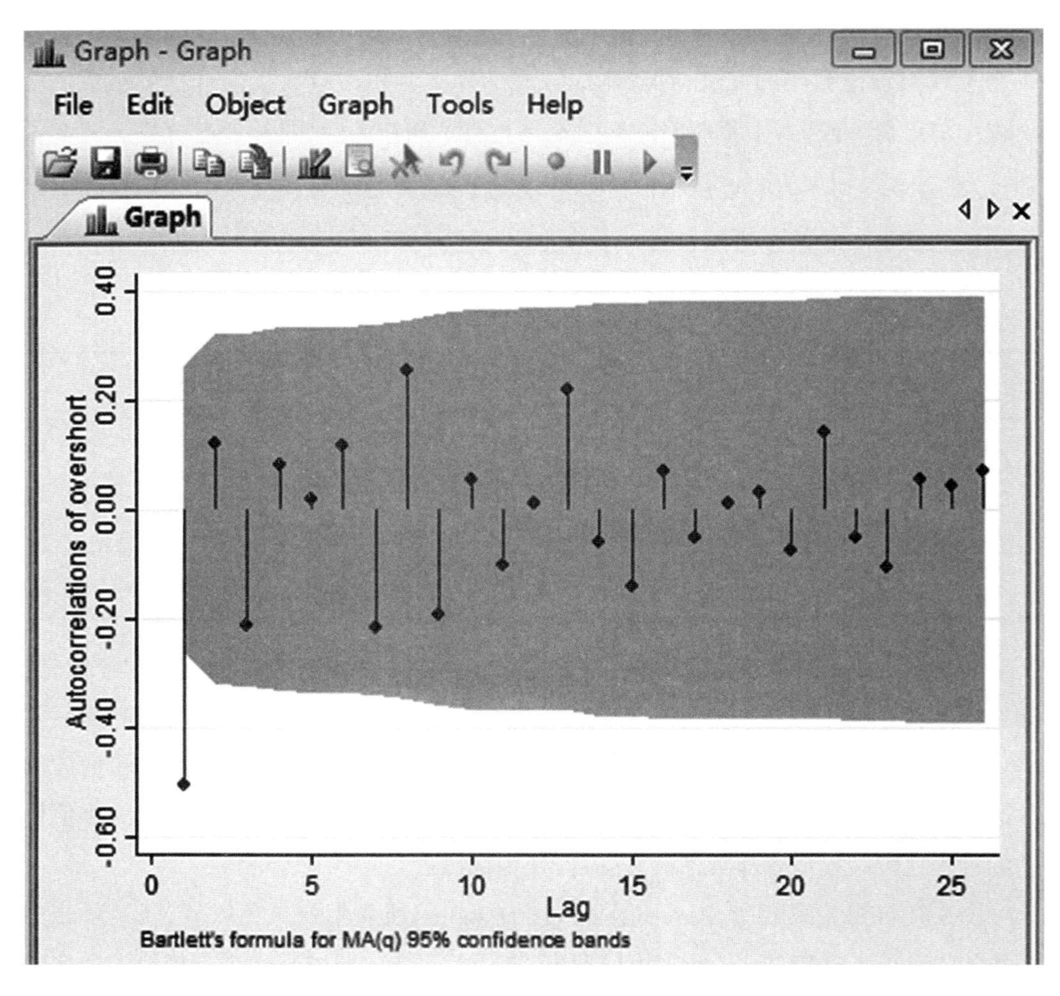

图3.5 自相关系数图ACF

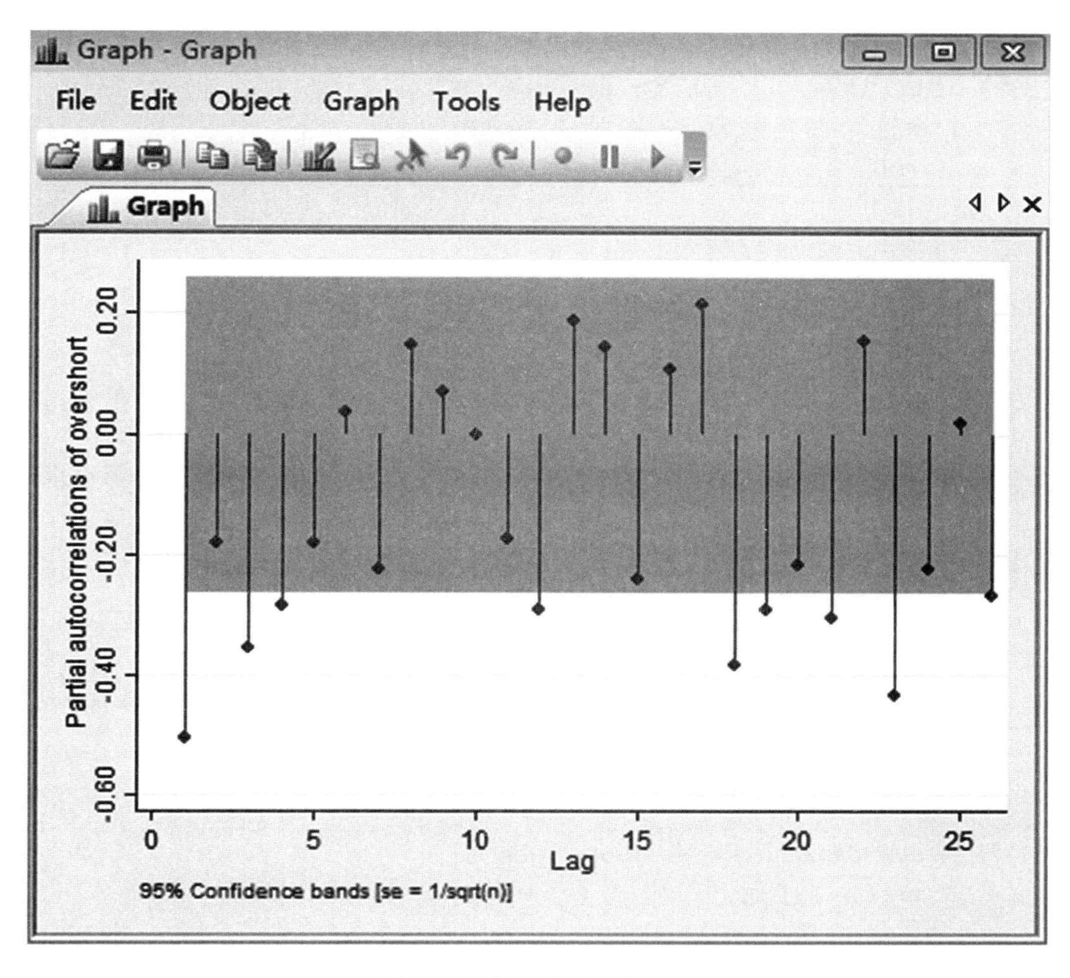

图3.6　偏自相关系数图PACF

对于数据3,其一阶差分序列(如何操作差分见第四章)的自相关系数图ACF为图3.7,偏自相关系数图为图3.8,它们均显示出拖尾的特性。依据STEP 6的判别法则,该模型初步确定为ARMA模型。由于平稳时间序列通常都是短期相关的,所以ARMA模型的阶数通常都不高。在实践中,ARMA模型常用的方法是从最小阶数p=1,q=1开始,不断增加p和q的阶数,直到模型精度达到研究要求为止。

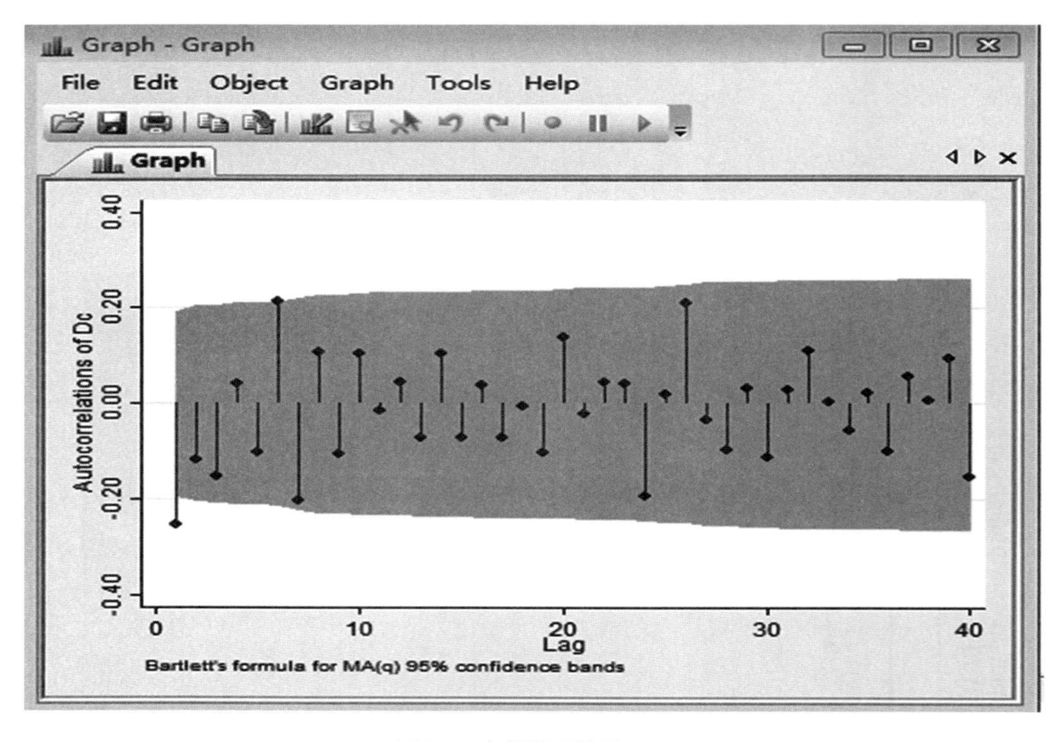

图3.7　自相关系数图ACF

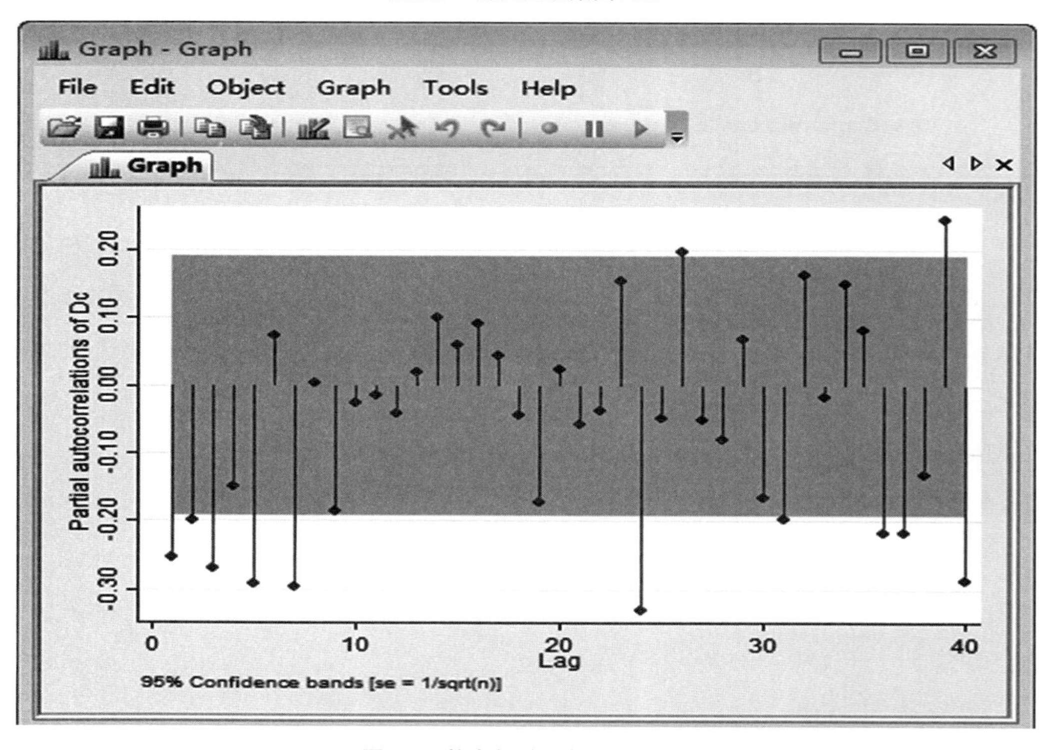

图3.8　偏自相关系数图PACF

3.3 模型估计和检验

3.3.1 实验要求

在模型识别（定阶）的基础上，掌握参数最大似然估计法、参数的显著性检验（t检验）和模型的显著性检验。

3.3.2 实验数据

数据1:1900—1998年全球7级以上地震发生次数序列（AR），见附录表2。

数据2:科罗拉多州某加油站连续57天的盈亏序列（MA），见附录表3。

数据3:1880—1985年全球气表平均温度改变值序列（ARMA），见附录表4。

（操作要求:对此序列的一阶差分序列进行拟合）。

3.3.3 实验内容

- 参数估计MLE法。
- 读懂Stata的操作结果（在z检验）。
- 残差的白噪声检验（模型显著性检验）。

3.3.4 实验步骤

接3.2.4的步骤，操作数据1（初步确定模型为AR(1)）。

STEP 7模型的参数估计。

操作方法一:在菜单栏上点击【Statistics】>【Time series】>【ARIMA and ARIMAX models】，跳出新的对话窗口“arima”（图3.9），选择“Model”框，在“Dependent variable”选择指标变量number，在“ARIMA (p, d, q) specification”选择“Autoregressive order (p)”为“1”，其他两项选择“0”，然后点击“OK”。如果为MA(1)模型，则“ARIMA(p,d, q) model specification”选择“moving-average order (q)”为“1”，其他两项选择“0”；如果为ARMA(1,1)模型，则“ARIMA(p,d,q) specification”选择“Autoregressive order (p)”为“1”和“Moving-average order (q)”为“1”。

操作方法二:在工作区的【Command】窗口中输入命令arima:

命令：arima 变量名，arima(p，d，q)。

其中：如果模型为AR(1)，则arima(p，d，q)写成arima(1，0，0)。

如果模型为MA(1)，则arima(p，d，q)写成arima(0，0，1)。

如果模型为ARMA(1，1)，则arima(p，d，q)写成arima(1，0，1)。

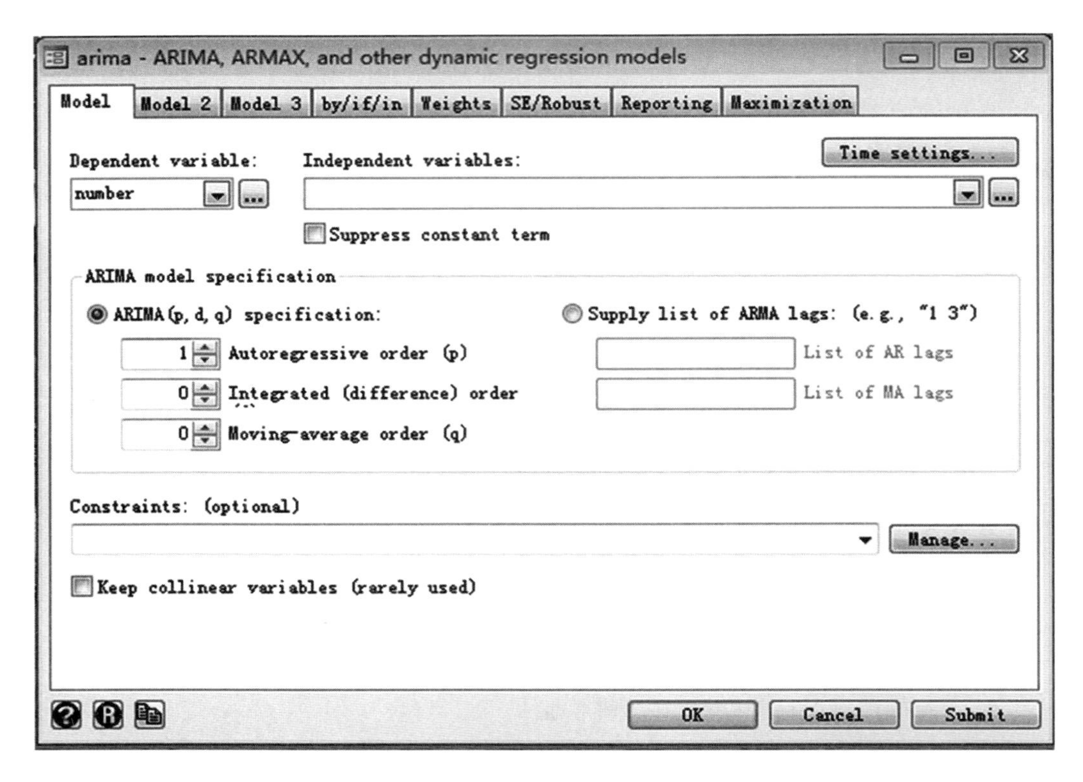

图3.9 对话窗口"arima"

STEP 8 读懂Stata显示的结果。在工作区【Results】窗口中显示结果(图3.10)。显示内容分两大部分，在"ARIMA regression"的上方，显示的是最大似然估计的迭代计算方法、过程及结果，其中"Iteration 0：log likelihood=…"表示迭代的次数及所对应的对数似然函数值。BHHH和BFGS是不同迭代算法的名称，图中显示，迭代算法开始使用的是BHHH，到第4次迭代时，软件自动将算法改变为BFGS，到第5次迭代时，达到对数似然的最大值。在"ARIMA regression"的下方，显示的是模型MLE估计结果的基本信息，包括时间范围"1900—1998"、观察值个数99、模型的Wold检验统计量(它的作用类似于古典线性回归OLS估计F检验，其值为48.02，p-value=0.0000)、对数似然函数值为-318.98384。统计表显示的是系数参数的结果，包括系数值Coef.、系数标准误Std、Err.、z值、p-value以及系数的区间估计。这里的z值及对应的p-value就是参数的有效性检验，通常p-value值小于0.05的话，则判定对应的参数显著非零。表格中的_cons是模型的常数项，ARMA部分显示模型只有ar部分，且延迟阶数为1，最后一栏/sigama显示的是残差项的标准差。该AR(1)模型的数学表达式是：

$$number_t = 19.889 + 0.543number_{t-1} + \varepsilon_t。$$

$$var\left(\varepsilon_t\right) = 6.058^2。$$

```
. arima number, arima(1,0,0)

(setting optimization to BHHH)
Iteration 0:   log likelihood = -318.98869
Iteration 1:   log likelihood =  -318.9846
Iteration 2:   log likelihood = -318.98399
Iteration 3:   log likelihood = -318.98387
Iteration 4:   log likelihood = -318.98385
(switching optimization to BFGS)
Iteration 5:   log likelihood = -318.98384

ARIMA regression

Sample:  1900 - 1998                        Number of obs      =        99
                                            Wald chi2(1)       =     48.02
Log likelihood = -318.9838                  Prob > chi2        =    0.0000
```

		OPG				
number	Coef.	Std. Err.	z	P>|z|	[95% Conf.	Interval]
number						
_cons	19.88896	1.420867	14.00	0.000	17.10412	22.67381
ARMA						
ar						
L1.	.5433337	.0784068	6.93	0.000	.3896591	.6970082
/sigma	6.058285	.3988754	15.19	0.000	5.276504	6.840067

```
Note: The test of the variance against zero is one sided, and the two-sided
      confidence interval is truncated at zero.
```

图3.10　工作区【Results】窗口

操作数据2(初步确定模型为MA(1))，工作区【Results】窗口中显示结果(图3.11)。

```
ARIMA regression

Sample:  1 - 57                              Number of obs   =        57
                                             Wald chi2(1)    =    105.17
Log likelihood = -298.4192                   Prob > chi2     =    0.0000
```

overshort	Coef.	OPG Std. Err.	z	P>|z|	[95% Conf.	Interval]
overshort						
_cons	-4.794047	1.067381	-4.49	0.000	-6.886076	-2.702019
ARMA						
ma						
L1.	-.8477213	.0826626	-10.26	0.000	-1.009737	-.6857056
/sigma	44.94067	5.105921	8.80	0.000	34.93325	54.94809

Note: The test of the variance against zero is one sided, and the two-sided confidence interval is truncated at zero.

图 3.11　工作区【Results】窗口

该MA(1)模型的数学表达式是：

$$Overshort_t = -4.794 + \varepsilon_t + 0.848\varepsilon_{t-1},$$

$$var\left(\varepsilon_t\right) = 44.941^2。$$

操作数据3(对变量change的一阶差分序列进行操作，初步确定模型为ARMA(1，1))，工作区【Results】窗口中显示结果(图3.12)。

```
ARIMA regression

Sample:  1881 - 1985                         Number of obs   =       105
                                             Wald chi2(2)    =    228.48
Log likelihood =  69.66047                   Prob > chi2     =    0.0000
```

Dc	Coef.	OPG Std. Err.	z	P>|z|	[95% Conf.	Interval]
Dc						
_cons	.0053348	.0025262	2.11	0.035	.0003835	.0102861
ARMA						
ar						
L1.	.3925689	.1064462	3.69	0.000	.1839382	.6011997
ma						
L1.	-.8867075	.061311	-14.46	0.000	-1.006875	-.7665401
/sigma	.1241285	.0092884	13.36	0.000	.1059236	.1423334

Note: The test of the variance against zero is one sided, and the two-sided confidence interval is truncated at zero.

图 3.12　工作区【Results】窗口

该ARMA(1,1)模型的数学表达式是:

$$Dc_t = 0.005 + 0.393Dc_{t-1} + \varepsilon_t + 0.887\varepsilon_{t-1},$$

$$var\left(\varepsilon_t\right) = 0.124^2。$$

STEP 9 计算残差。

操作方法一:在菜单栏上点击【Statistics】>【Postestimation】>【Predictions, residuals, etc.】,跳出新的对话框窗口"predict"(图3.13),在"New variable name"键入残差变量名ehat,在"Produce"中选择"Residuals or predicted innovations",点击"OK"。

操作方法二:在工作区的【Command】窗口中输入命令predict:

命令:predict 残差变量名,residuals。其中residuals确定了估计的是残差。

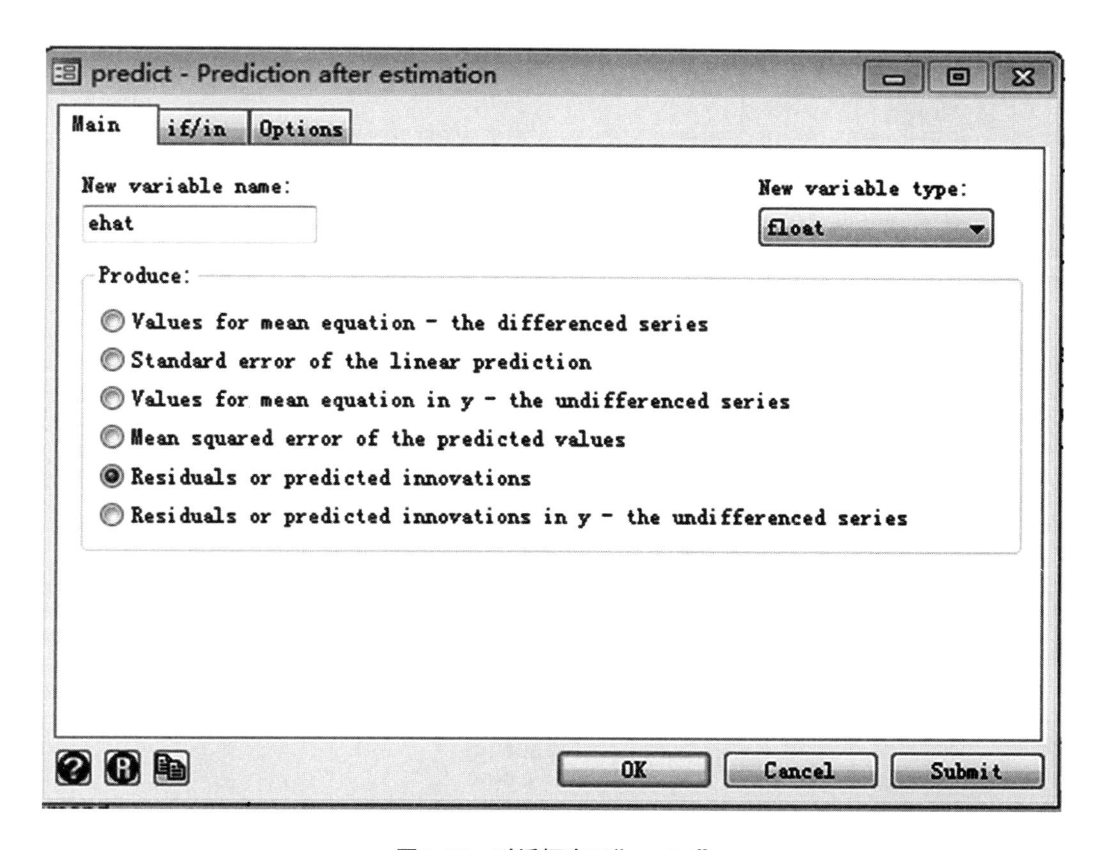

图3.13　对话框窗口"predict"

STEP 10 残差的白噪声检验,具体操作步骤见2.3.4。注意:此时检验的对象是残差序列。

对于数据1,检验的结果如图3.14(Q检验)和图3.15(B检验)。

```
. wntestq ehat

Portmanteau test for white noise
---------------------------------------------------
 Portmanteau (Q) statistic =     33.2071
 Prob > chi2(40)           =      0.7678
```

图3.14 工作区【Results】窗口

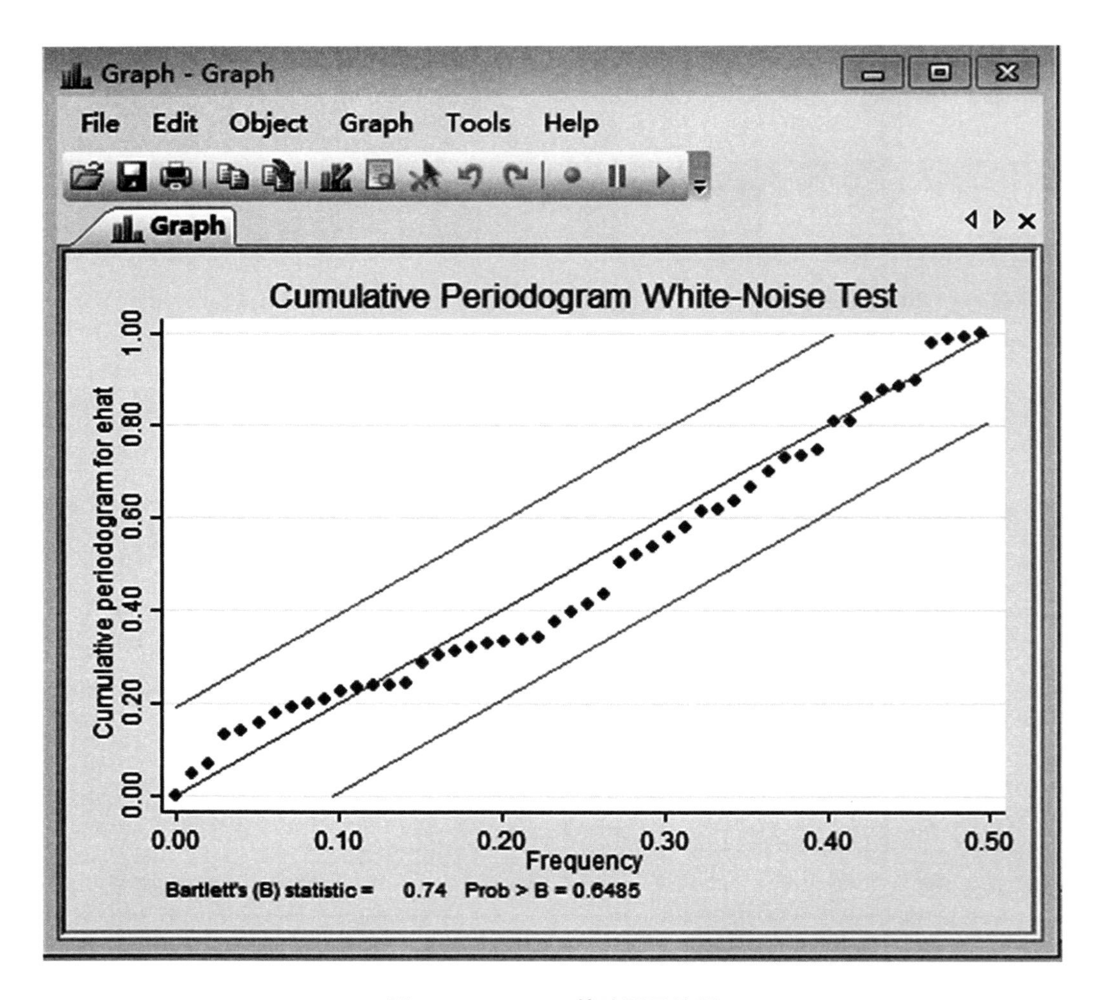

图3.15 Wntestb检验图示结果

从两张图的结果可以判断,AR(1)残差序列为白噪声序列。

对于数据2,检验的结果如图3.16(Q检验)和图3.17(B检验)。

```
. wntestq ehat

Portmanteau test for white noise
───────────────────────────────────────────────
 Portmanteau (Q) statistic =     30.8435
 Prob > chi2(26)           =      0.2341
```

图 3.16　工作区【Results】窗口

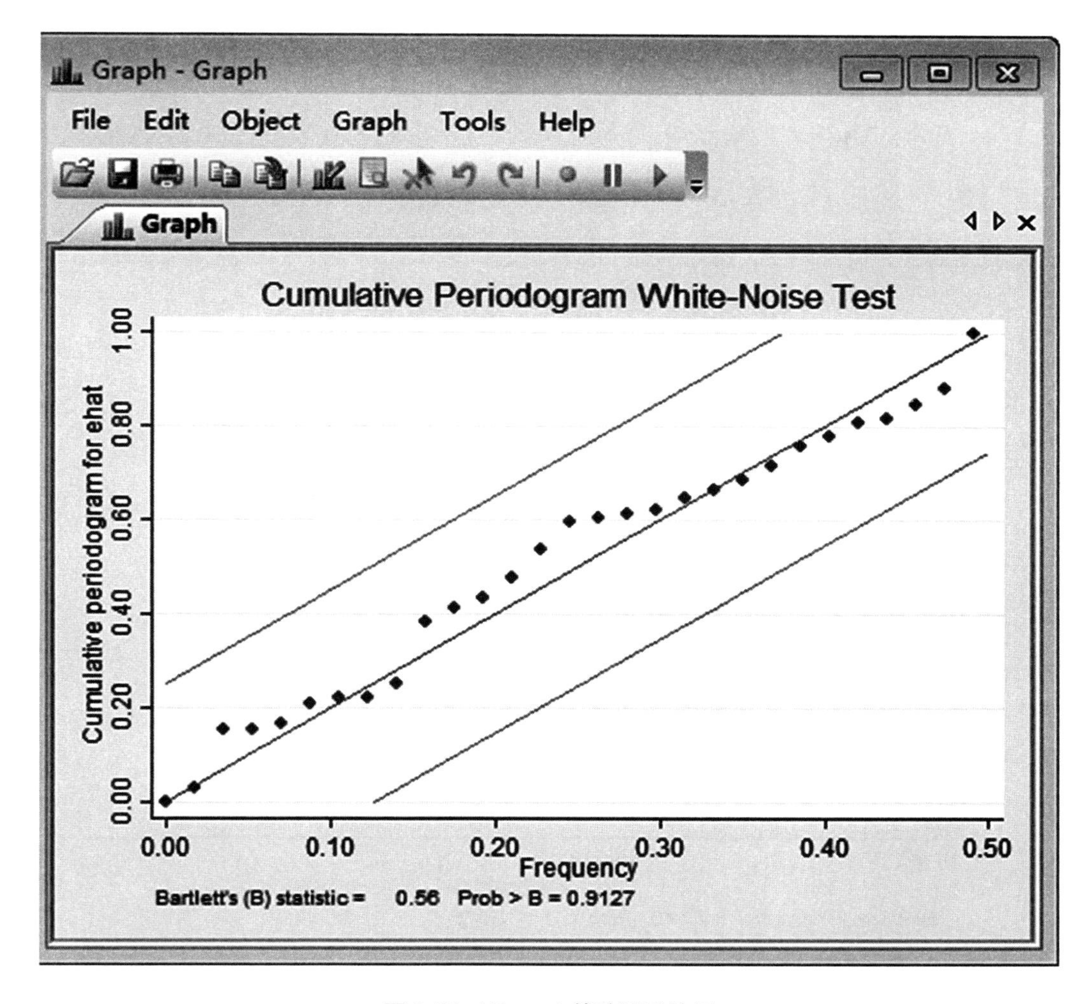

图 3.17　Wntestb 检验图示结果

从两张图的结果可以判断，MA(1)残差序列为白噪声序列。

对于数据 3，检验的结果如图 3.18(Q 检验)和图 3.19(B 检验)。

```
. wntestq ehat

Portmanteau test for white noise
───────────────────────────────────────────
 Portmanteau (Q) statistic =     35.6275
 Prob > chi2(40)           =      0.6673
```

图3.18　工作区【Results】窗口

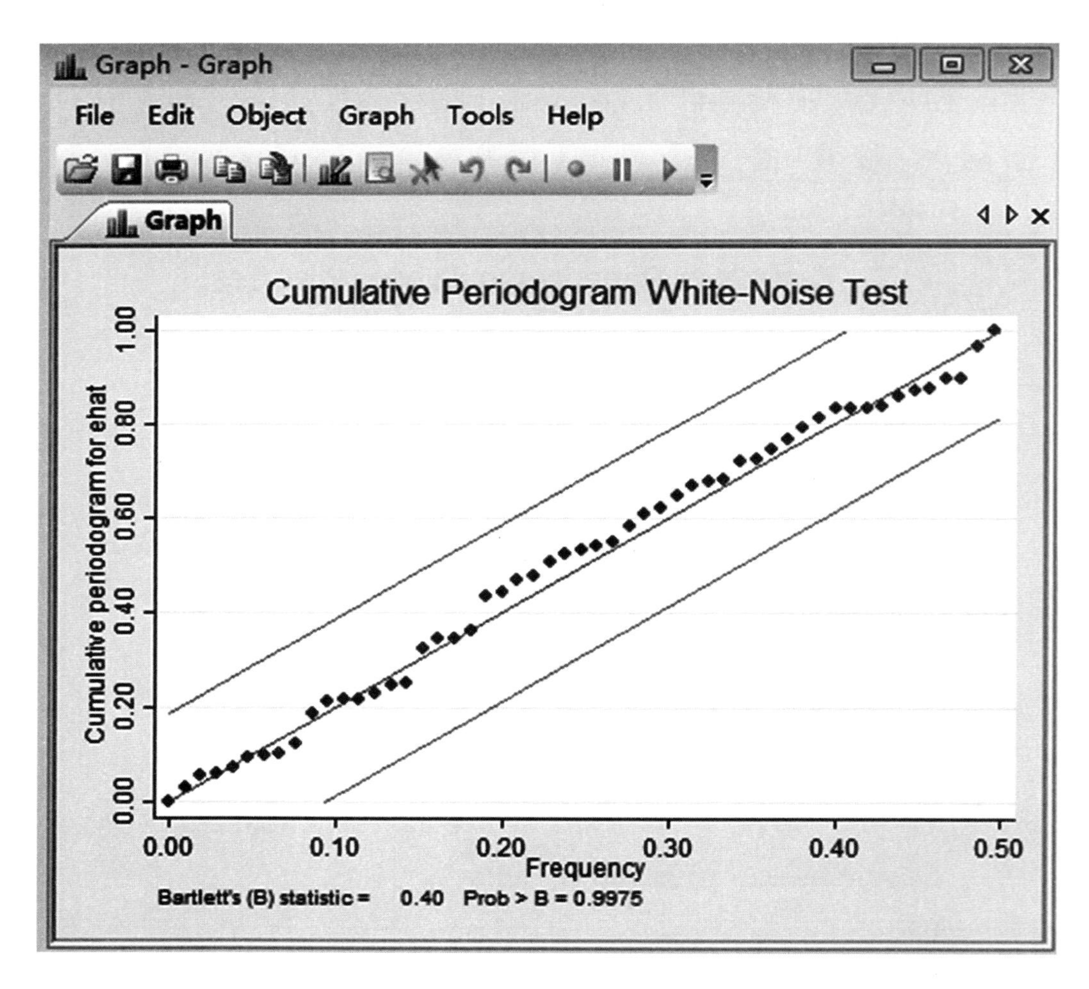

图3.19　Wntestb检验图示结果

从两张图的结果可以判断，ARMA(1,1)残差序列为白噪声序列。

3.4 模型优化

3.4.1 实验要求

一个拟合模型通过了检验，说明在一定的置信水平下，该模型能有效拟合观察值序列，但这种有效模型并不一定是唯一的。通过计算AIC和SBC统计量，进行模型优化。

3.4.2 实验数据

数据：等时间间隔连续读取70个某次化学反应的过程数据，构成一时间序列，见附录表5。

3.4.3 实验内容

- 序列预处理（平稳性检验、白噪声检验）。
- 模型定阶。
- 参数估计及模型检验。
- AIC准则和SBC准则。

3.4.4 实验步骤

STEP 1形成记录文件并读取数据。形成记录文件操作见1.7.1，读取Excel数据操作见1.4.2。

STEP 2 序列预处理。平稳性检验操作见2.2.4，白噪声检验操作见2.3.4。

STEP 3 模型识别。自相关系数图ACF及偏自相关系数图PACF的操作见3.2.4。数据4的具体结果如图3.20和图3.21。

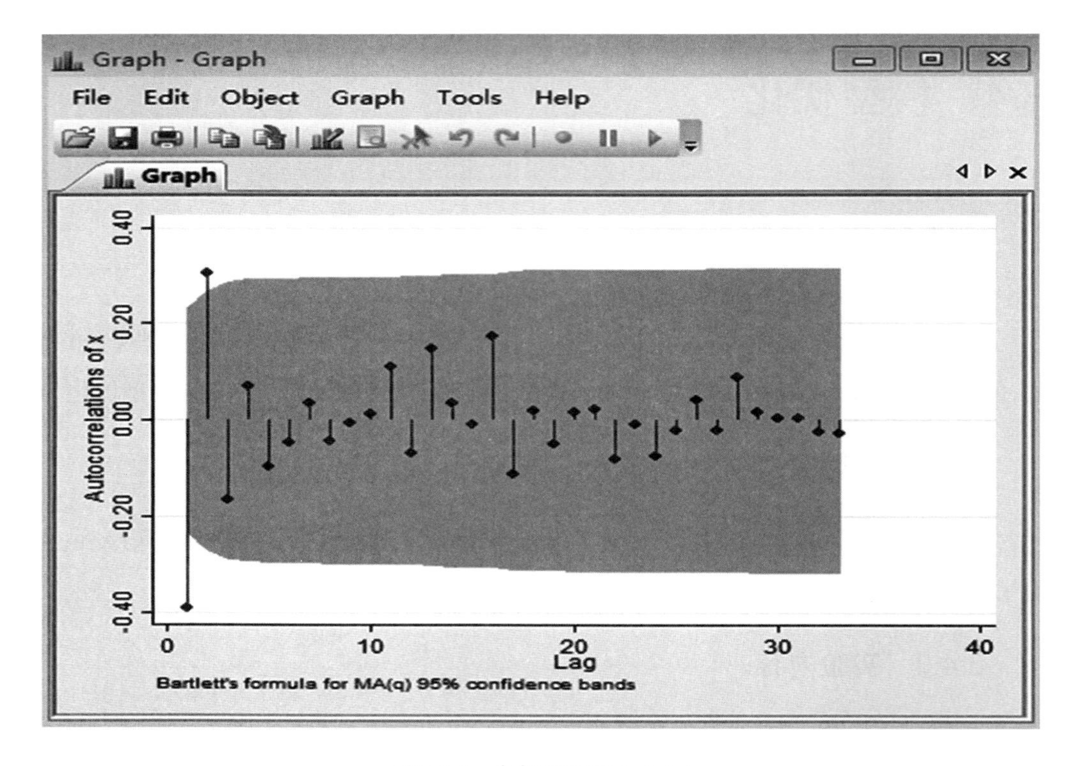

图3.20 自相关系数图ACF

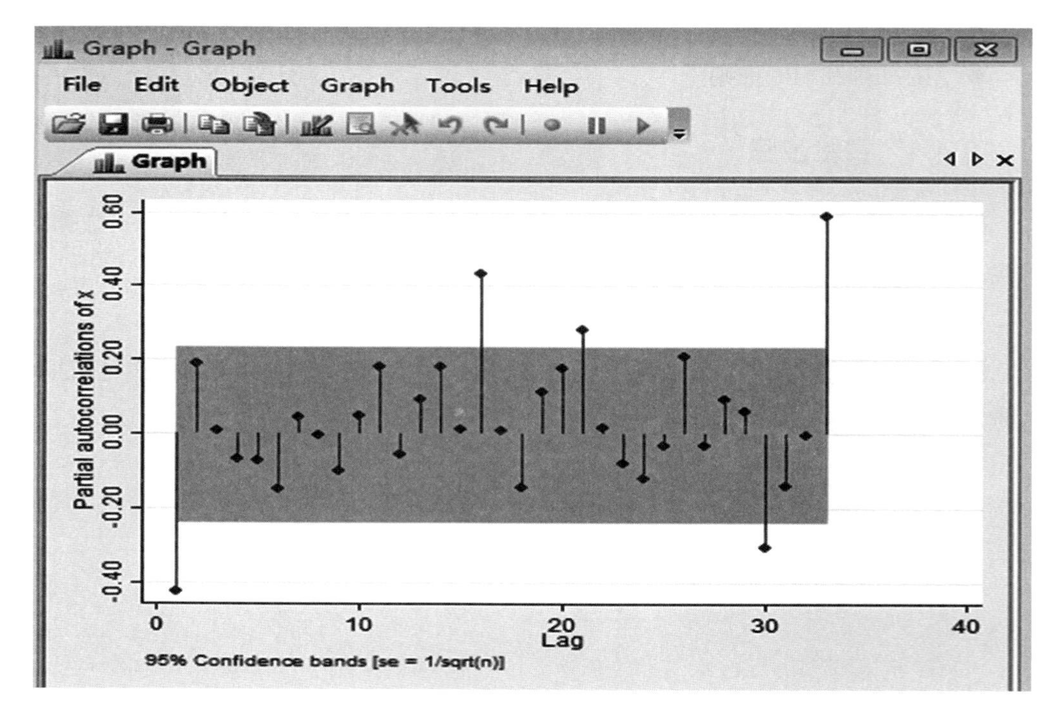

图3.21 偏自相关系数图PACF

依据图3.20的ACF特征，可能有人会认为自相关系数2阶截尾，那么可以拟合MA(2)模型；根据图3.21的PACF特征，可能有人会认为偏自相关系数1阶截尾，那么可以拟合AR(1)模型。

STEP 4 参数估计和参数显著性检验。具体操作步骤见3.3.4 STEP 7和STEP 8。依据操作结果，MA(2)模型和AR(1)模型的参数均显著。

STEP 5 残差的白噪声检验。具体操作步骤见3.3.4 STEP 9和STEP 10。依据操作结果判定，MA(2)模型和AR(1)模型的残差序列都是白噪声序列。

依上述步骤，则数据4可以拟合成两个有效的模型，即

MA(2)模型：$x_t = 51.169 + \varepsilon_t - 0.319\varepsilon_{t-1} + 0.302\varepsilon_{t-2}$，

$var\left(\varepsilon_t\right) = 10.697^2$。

AR(1)模型：$x_t = 51.266 - 0.419x_{t-1} + \varepsilon_t$，

$var\left(\varepsilon_t\right) = 10.799^2$。

STEP 6 模型优化（判别两个模型的相对优劣）。操作方法：在MA(2)模型的残差白噪声检验结束后，就在工作区【Command】窗口输入“estat ic”命令，“回车(Enter)”，则在工作区【Results】得到结果（图3.22）。

```
. estat ic

Akaike's information criterion and Bayesian information criterion
```

Model	Obs	ll(null)	ll(model)	df	AIC	BIC
.	70	.	-265.3528	4	538.7055	547.6995

Note: N=Obs used in calculating BIC; see [R] BIC note

图3.22　工作区【Results】窗口

在AR(1)模型的残差白噪声检验结束后，就在工作区【Command】窗口输入“estat ic”命令，“回车(Enter)”，则在在工作区【Results】得到结果（图3.23）。

```
. estat ic

Akaike's information criterion and Bayesian information criterion
```

Model	Obs	ll(null)	ll(model)	df	AIC	BIC
.	70	.	-265.9789	3	537.9579	544.7034

Note: N=Obs used in calculating BIC; see [R] BIC note

图3.23　工作区【Results】窗口

按照模型择优的AIC准则和SBC准则:在所有通过检验的模型中AIC值或BIC值达到最小的模型为相对较优模型。按图3.22和图3.23的结果判定:AR(1)模型较优。

3.5 模型预测

3.5.1 实验要求

依据拟合模型进行预测。

3.5.2 实验数据

数据4:等时间间隔连续读取70个某次化学反应的过程数据,构成一时间序列,见附录表5。

3.5.3 实验内容

- One-step-ahead 预测。
- Dynamic 预测。

3.5.4 实验步骤

依据3.4.4的STEP 1—6的操作结果,我们选取AR(1)模型进行预测。

STEP 7 增加时间变量的取值。在数据4中,一共有70个观察值time=70,如果要估计第71和第72的指标变量值,首先要把序列的观察值个数延伸到71和72。操作方法一:在工作区【Command】窗口输入"set obs 71",敲击"回车(Enter)",则在工作区【Results】窗口中显示结果(图3.24)。

```
. set obs 71
obs was 70, now 71
```

图3.24 工作区【Command】窗口

同理,再输入"set obs 72",敲击"回车(Enter)"。点击菜单栏的【Data】>【Data

Editor】>【Data Editor(Edit)】,可以弹出新窗口“Data Editor(Edit)”(图3.25),可以看到,第71和72个观察值已经存在,只是对应的*time*和*x*值都是缺失的。此时,可以在71和72对应的*time*变量上输入“71”和“72”(图3.26)。

Data Editor (Edit) - [Untitled]

File　Edit　View　Data　Tools

time[1]　1

	time	x
61	61	68
62	62	38
63	63	50
64	64	60
65	65	39
66	66	59
67	67	40
68	68	57
69	69	54
70	70	23
71	.	.
72	.	.

图3.25　窗口“Data Editor(Edit)”

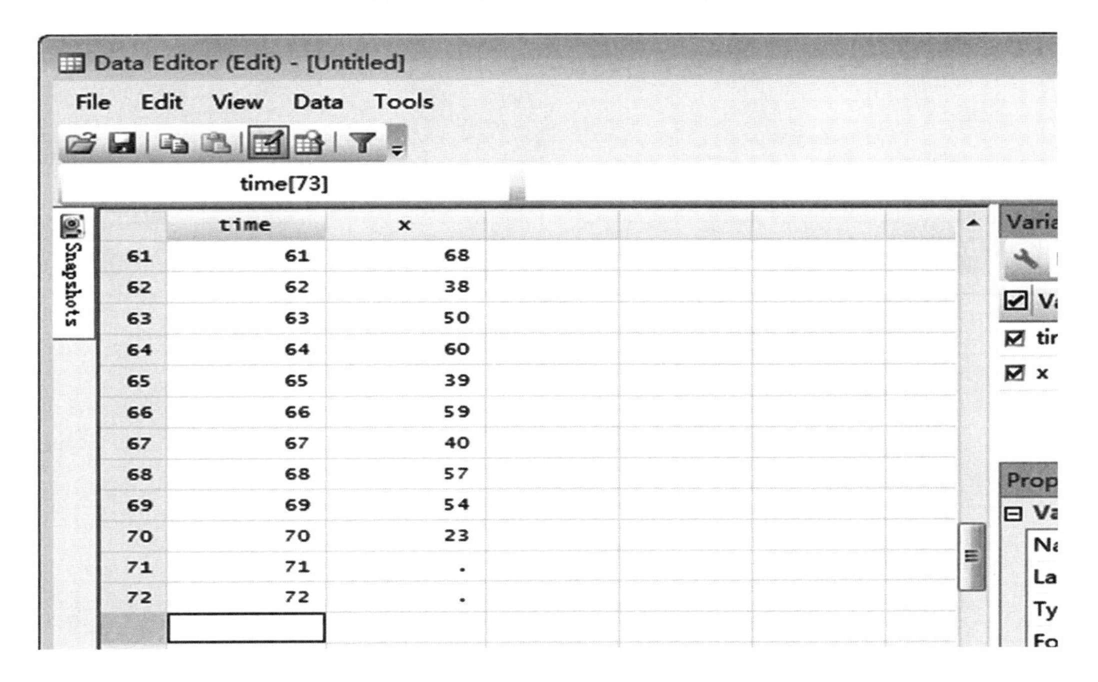

图3.26　窗口“Data Editor(Edit)”

STEP 8 计算 time=71 和 time=72 的预测值(估计值)。点击在菜单栏上点击【Statistics】>【Postestimation】>【Predictions, residuals, etc.】,跳出新的对话框窗口“predict”(图 3.27),在“Main”菜单下的“New variable name”键入残差变量名 xb,在“Produce”中选择“Values for mean equation in y – the undifferenced series”,在“Options”菜单下选择“One-Step prediction”,点击“OK”(图 3.28)。

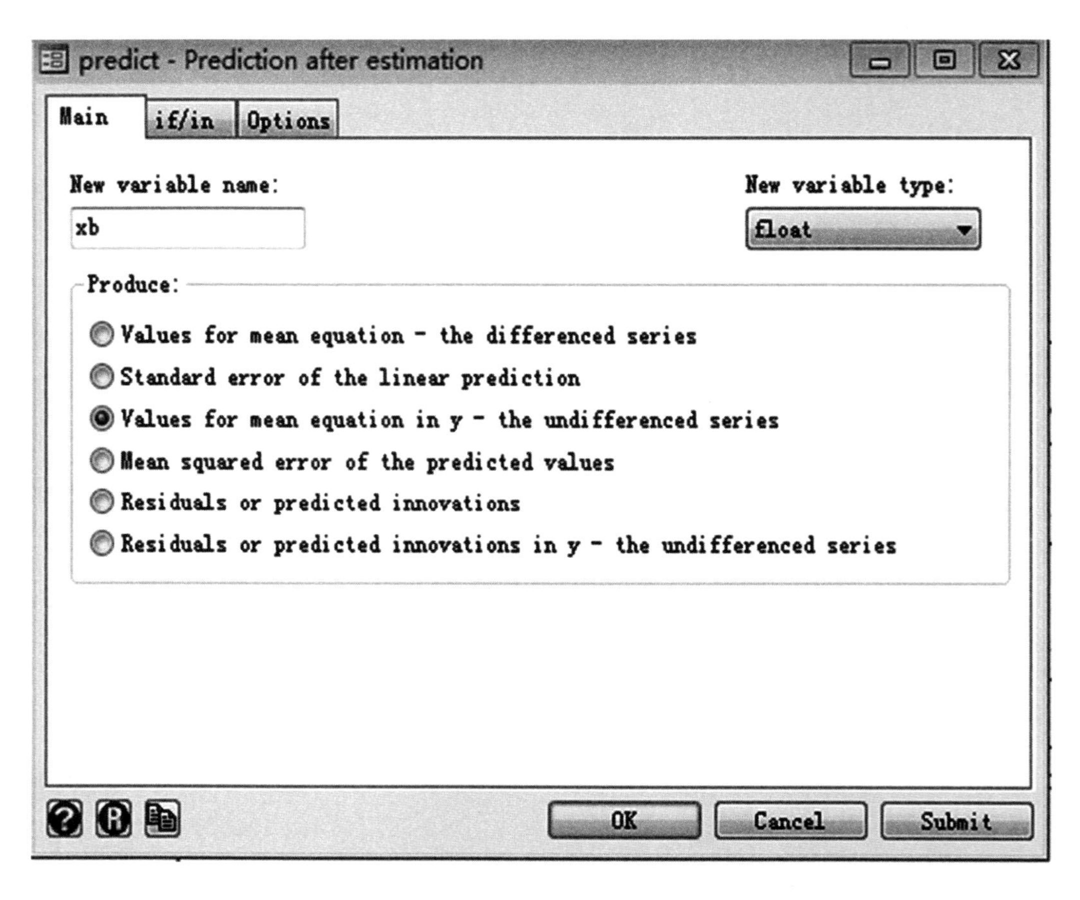

图 3.27　对话框窗口“predict”

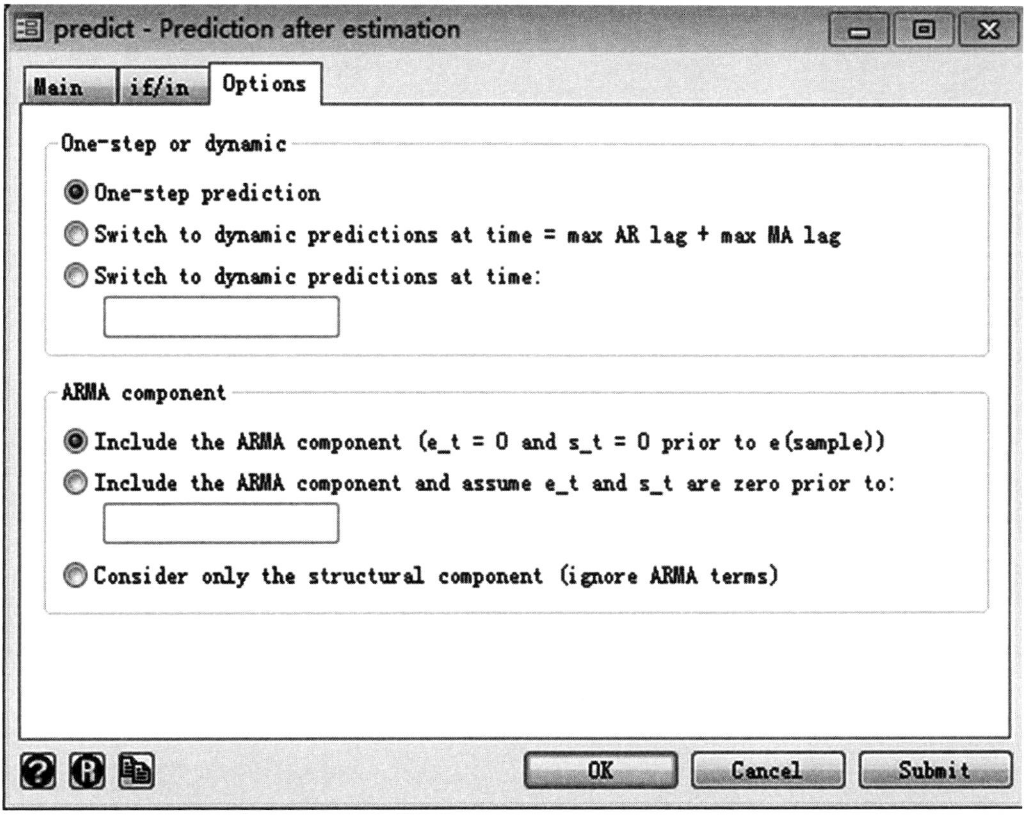

predict - Prediction after estimation

Main　if/in　Options

One-step or dynamic

One-step prediction

Switch to dynamic predictions at time = max AR lag + max MA lag

Switch to dynamic predictions at time:

ARMA component

Include the ARMA component (e_t = 0 and s_t = 0 prior to e(sample))

Include the ARMA component and assume e_t and s_t are zero prior to:

Consider only the structural component (ignore ARMA terms)

OK　Cancel　Submit

图3.28　对话框窗口“predict”

再点击菜单栏的【Data】>【Data Editor】>【Data Editor(Edit)】后，可以看到图3.29。

如果要操作dynamic预测，则在图3.27中的“New variable name”键入残差变量名xb1，在“Produce”中选择“Values for mean equation in y – the undifferenced series”，在“Options”菜单下选择“Switch to dynamic predictions at time=max AR lag + max MA lag”，“点击“OK”。再点击菜单栏的【Data】>【Data Editor】>【Data Editor(Edit)】后，可以看到图3.30。

比较一下xb和xb1预测值的不同。

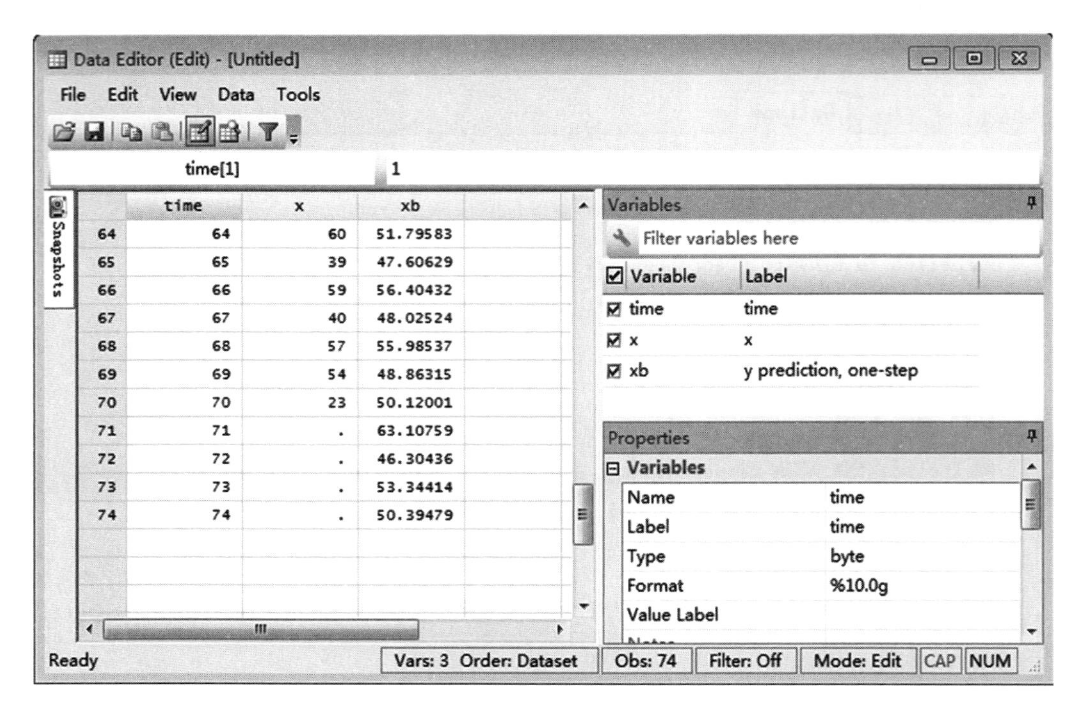

图 3.29 【Data Editor(Edit)】窗口

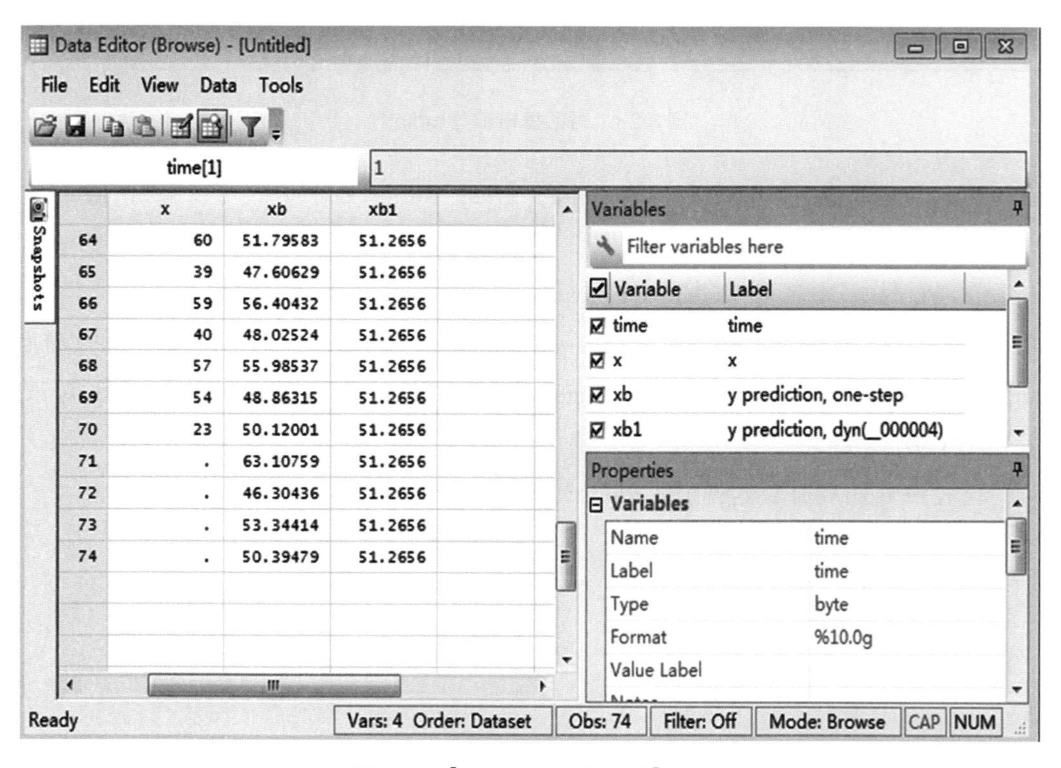

图 3.30 【Data Editor(Edit)】窗口

第四章

非平稳时间序列模型

4.1 基础知识

4.1.1 Cramer分解定理

Wold分解定理分析了平稳时间序列的构成，Cramer分解定理将这种思路扩展到非平稳时间序列。其具体内容是：任何一个非平稳时间序列$\{x_t\}$都可以认为是两部分的叠加。其中，一部分是由时间t的多项式决定的确定性成分，另一部分是由白噪声序列决定的随机成分，即

$$x_t = \mu_t + \varepsilon_t = \sum_{j=0}^{d} \beta_j t^j + \Psi(B)\alpha_t。 \tag{4.1}$$

式中，$d < \infty$，$\beta_1, \cdots, \beta_d$为常数系数；α_t为一个零均值白噪声序列；B为延迟算子。

注意：这里解决的非平稳指均值非平稳，而由异方差产生的非平稳由ARCH/GARCH模型来解决。

4.1.2 差分平稳和ARIMA模型

对于均值非平稳时间序列，分析的重点是通过有效的手段提取序列中蕴含的确定性信息。差分法是一种非常有效且简便的确定性信息提取方法，在Cramer定理的保证下，d阶差分就可以把$\{x_t\}$中蕴含的确定性信息充分提取出来：

$$\nabla^d \sum_{j=0}^{d} \beta_j t^j = c，c\text{是一个常数。} \tag{4.2}$$

例如：对于1阶差分，有

$$\nabla x_t = x_t - x_{t-1}, \tag{4.3}$$

等价于

$$x_t = x_{t-1} + \nabla x_t。 \tag{4.4}$$

这就是说，1阶差分的实质就是一个1阶自回归过程，它是用延迟一期的历史数据$\{x_{t-1}\}$作为自变量来解释当期序列数据$\{x_t\}$的变动情况，而差分序列$\{\nabla x_t\}$度量的是1阶自回归过程中产生的随机误差的大小。

差分运算的实质就是使用自回归的方式提取序列中蕴含的确定性信息，许多非平稳时间序列差分后会显示出平稳序列的性质，这时候我们称这个非平稳时间序列为差分平稳序列，或趋势平稳序列。对于这个类型的时序数据可以使用ARIMA模型进行拟合，或者说差分后的序列如果是平稳的，就可以使用ARMA模型来拟合。

对于序列中蕴含显著的线性趋势，一阶差分就可以实现趋势平稳。对于序列中蕴含曲线趋势，通常二阶或三阶差分就可以提取出曲线趋势的影响。对于序列中蕴含固定周期，通常进行步长为周期长度的差分运算，可以提取周期信息。从理论上讲，足够多次的差分运算可以充分提取原序列中非平稳的确定性信息。但要注意，差分运算的过程会有信息损失，所以，差分运算的阶数并不是越多越好。

4.1.3 疏系数模型

ARIMA(p,d,q)模型是指d阶差分后自回归最高阶数为p，移动平均最高阶数为q，通常包含$p+q$个独立未知系数。如果模型中部分自回归系数$\phi_j\left(1 \leqslant j < p\right)$或部分移动平均系数$\theta_k\left(1 \leqslant k < q\right)$为零，即ARIMA$(p,d,q)$模型有部分系数缺省了，则该模型就成为疏系数模型。

4.1.4 季节ARIMA模型

有些均值非平稳时间序列中包含着季节效应。依据Cramer分解定理，季节信息也可采用差分的方法提取，所得到的模型称为季节ARIMA模型。依据季节效应提取方式的不同，又可分为季节ARIMA加法模型和季节ARIMA乘法模型。

季节ARIMA加法模型是指序列中季节效应和其他效应之间是加法关系，即：

$$x_t = S_t + T_t + I_t。$$

这时候，各种效应信息的提取都非常容易。通常简单的周期步长差分就可以将序列中的季节信息提取充分，简单的低阶差分就可以将趋势信息提取充分，提取完季节信息和趋势信息之后的残差序列就是一个平稳序列，可以用ARMA模型拟合。它的模型结构通常如下：

$$\nabla_S \nabla^d x_t = \frac{\Theta(B)}{\Phi(B)} \varepsilon_t。$$

但在实际中，更为常见的是序列的季节效应、长期趋势和随机波动之间存在着复杂的交互影响，简单的季节加法模型并不足以充分提取其中的相关关系，这时通常要采用季节乘法模型：

$$\nabla^d \nabla_S^D x_t = \frac{\Theta(B)}{\Phi(B)} \frac{\Theta_S(B)}{\Phi_S(B)} \varepsilon_t。$$

构造原理:短期相关性用低阶ARMA(p,q)模型提取,季节相关性用以周期步长S为单位的ARMA(P,Q)模型提取。

4.2 ARIMA模型

4.2.1 实验要求

掌握ARIMA模型的建模步骤,并进行预测。

4.2.2 实验数据

数据:1889—1970年美国国民生产总值平减指数(GNP deflator)序列,见附录表6。

4.2.3 实验内容

- 形成记录文件。
- 观察时序图。
- 差分平稳性检验。
- 白噪声检验。
- 模型定阶(依据自相关系数图和偏自相关系数图)。
- 参数估计和参数有效性检验。
- 残差白噪声检验(模型有效性检验)。
- 模型预测。

4.2.4 实验步骤

STEP 1 形成记录文件(略,步骤见1.7.1)。

STEP 2 导入Excel数据,形成Stata格式数据,定义时间变量(略,步骤见2.2.4)。

STEP 3 绘制时序图(略,步骤见1.6.2),结果如图4.1。从图的形状可以看出,该序列有显著的趋势,为典型的非平稳序列。

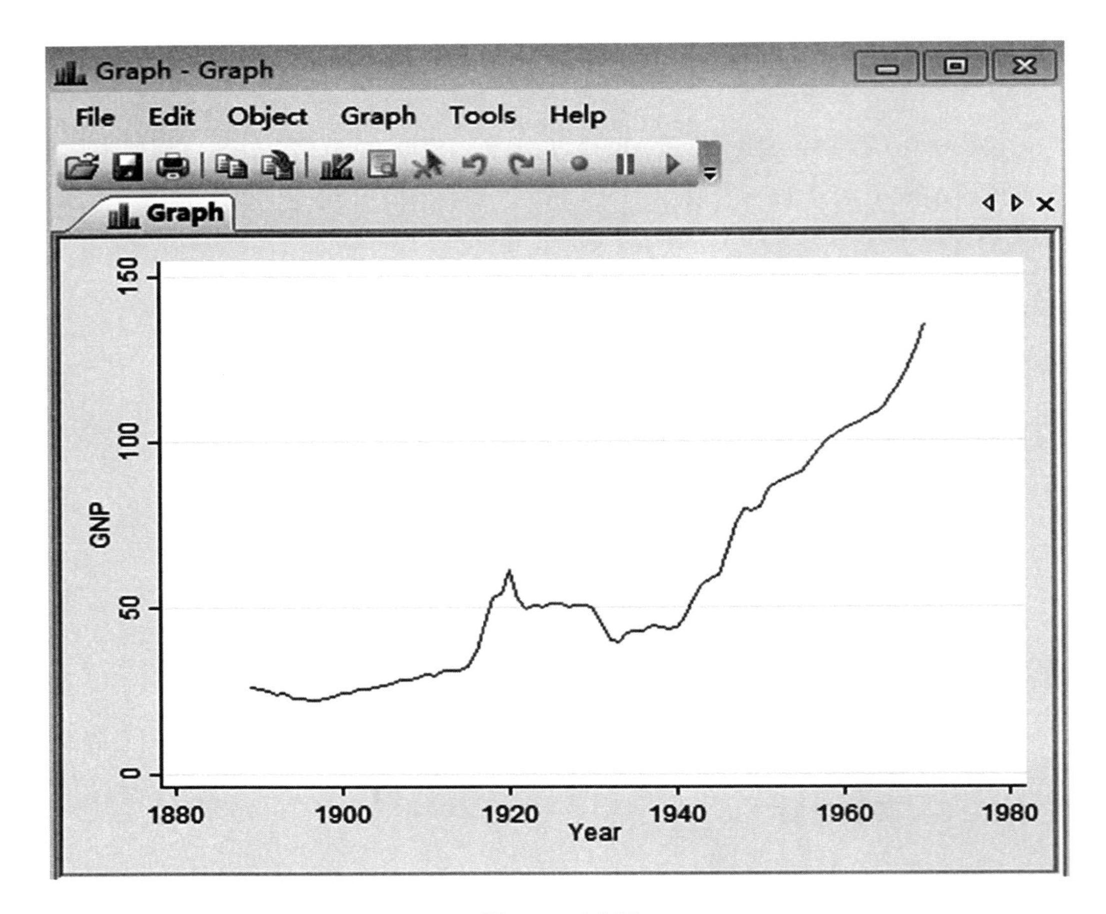

图 4.1　时序图

STEP 4　差分。图 4.1 显示，原序列呈现出近似线性趋势，所以选择 1 阶差分。操作方法：在工作区的【Command】窗口中输入命令 generate，形成新变量，这个变量的值是 GNP 的一阶差分，即：

generate Dg=D1.GNP 或者 generate Dg=GNP−L1.GNP

敲击“回车(Enter)”则在工作区的【Results】窗口显示结果(图 4.2 或图 4.3)。同时，不要忘记给新变量 Dg 打上标记，在工作区的【Command】窗口中输入：

label variable Dg "1st difference of GNP"

在工作区的【Variables】窗口显示变量和标记(图 4.4)。

```
. generate Dg=D.GNP
(1 missing value generated)
```

图 4.2　工作区的【Command】窗口

```
. generate Dg=GNP-L.GNP
(1 missing value generated)
```

图4.3　工作区的【Command】窗口

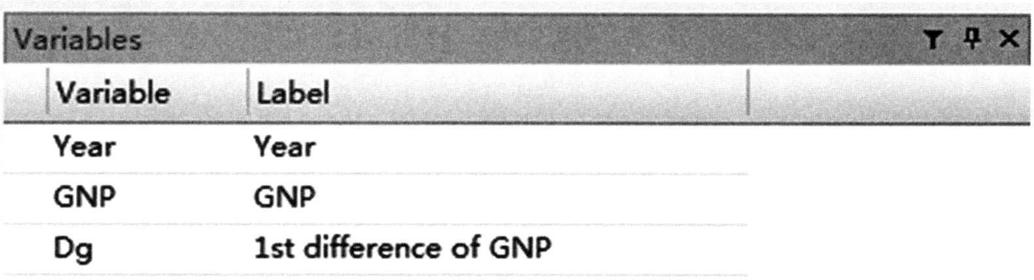

Variable	Label
Year	Year
GNP	GNP
Dg	1st difference of GNP

图4.4　工作区的【Variables】窗口

STEP 5 差分平稳判定。对时序Dg进行Unit Root检验(略,步骤见2.2.4),ADF检验结果见表4.1。检验结果显示,该序列类型二、类型三的p-value都小于显著性水平0.05,所以Dg序列是平稳的时间序列。

表4.1　时间序列Dg的ADF检验结果

类型	延迟阶数	Test Statistic	p-value
类型一(不包含漂移项的自回归)	0	-4.377(小于1% critical value)	——
	1	-3.247(小于1% critical value)	——
	2	-2.607(小于1% critical value)	——
类型二(包含漂移项的自回归)	0	-5.141	0.0000
	1	-4.029	0.0001
	2	-3.438	0.0005
类型三(包含趋势项的自回归)	0	-5.726	0.0000
	1	-4.623	0.0009
	2	-4.034	0.0079

STEP 6 白噪声检验。对时序 Dg 进行白噪声检验(略,步骤见 2.3.4)。检验的结果表明:Dg 序列是非白噪声序列。

STEP 7 模型定阶。计算时序 Dg 的自相关系数(图 4.5)和偏自相关系数(图 4.6)(略,步骤见 3.2.4)。从图中可以看出,自相关系数显示拖尾特征,偏自相关系数显示 1 阶截尾特征,所以用 AR(1)模型拟合 Dg 序列,也就是说用 ARIMA(1,1,0)拟合 GNP 序列。

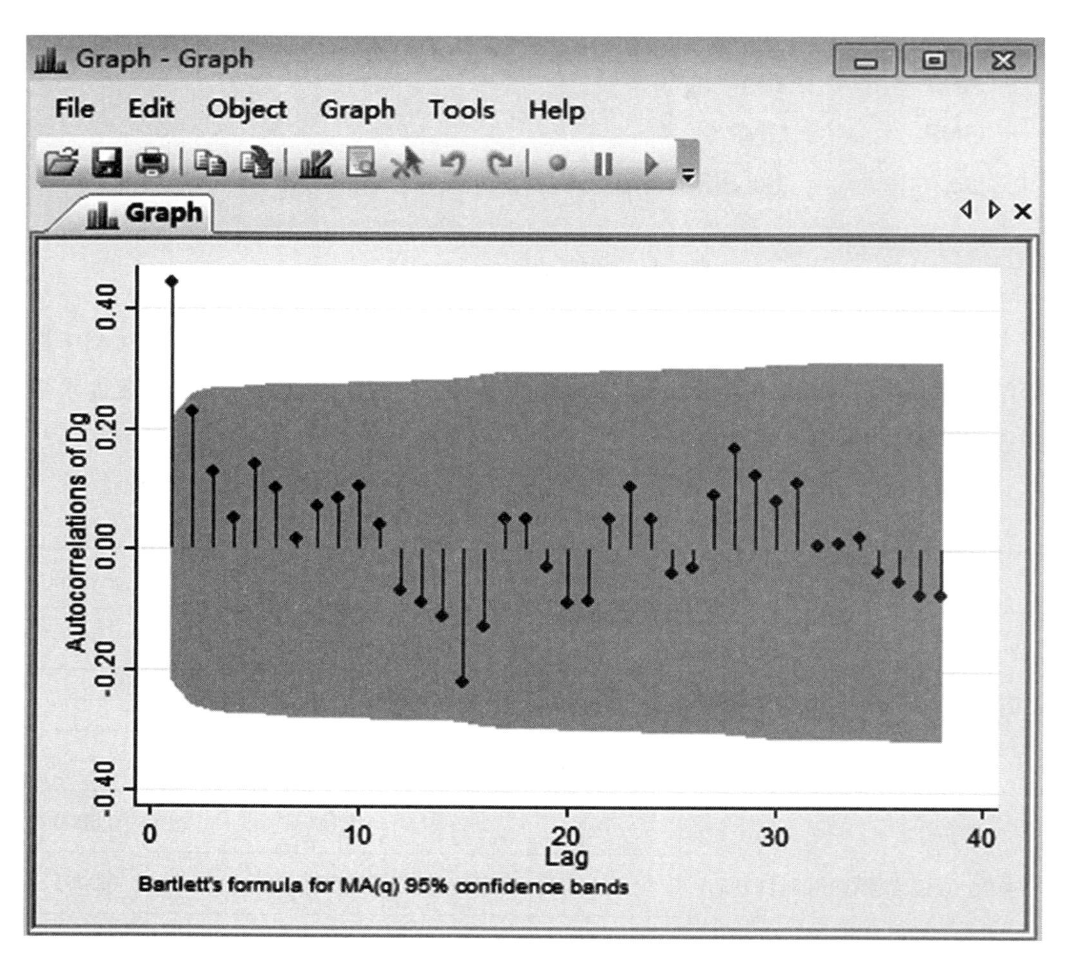

图 4.5　自相关系数图 ACF

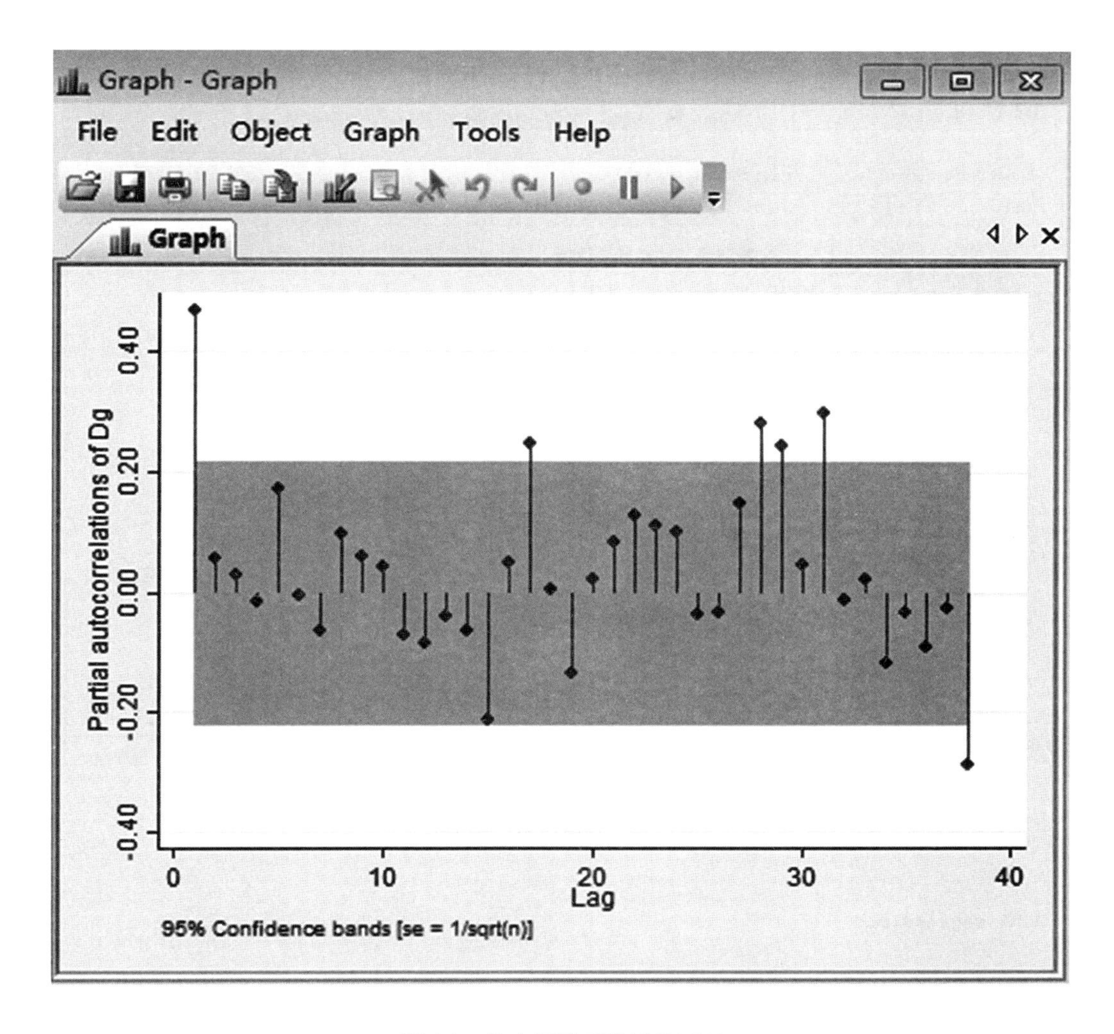

图4.6　偏自相关系数图PACF

STEP 8 参数估计及参数有效性检验。在菜单栏上点击【Statistics】>【Time series】>【ARIMA and ARIMAX models】,跳出新的对话窗口“arima”(图4.7),选择“Model”框,在“Dependent variable”选择指标变量GNP,在“ARIMA(p,d,q) model specification”选择“Autoregressive order(p)”为“1”,“Integrated (difference) order”为“1”,然后点击“OK”。工作区【Results】窗口显示结果(图4.8)。从中可以看出,所有的参数*p*-value值都小于显著性水平0.05,通过了参数的显著性检验。

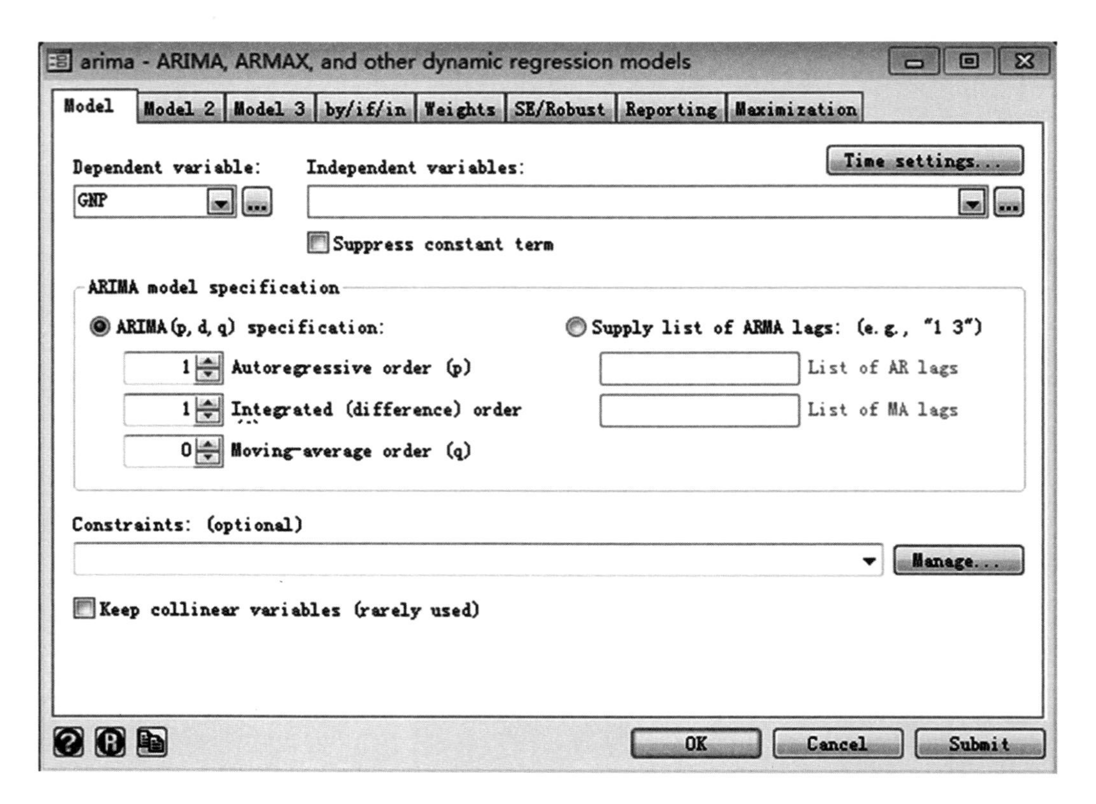

图 4.7　对话窗口“arima”

```
ARIMA regression

Sample:  1890 - 1970                            Number of obs      =        81
                                                Wald chi2(1)       =     19.03
Log likelihood = -188.8846                      Prob > chi2        =    0.0000

------------------------------------------------------------------------------
             |                 OPG
       D.GNP |      Coef.   Std. Err.      z    P>|z|     [95% Conf. Interval]
-------------+----------------------------------------------------------------
GNP          |
       _cons |   1.391649   .6624935     2.10   0.036     .0931852    2.690112
-------------+----------------------------------------------------------------
ARMA         |
          ar |
         L1. |   .4661835   .1068516     4.36   0.000     .2567583    .6756088
-------------+----------------------------------------------------------------
      /sigma |   2.487958   .1198516    20.76   0.000     2.253053    2.722862
------------------------------------------------------------------------------
Note: The test of the variance against zero is one sided, and the two-sided
      confidence interval is truncated at zero.
```

图 4.8　工作区【Results】窗口

也可以在工作区的【Command】窗口中输入命令　arima GNP，arima(1 1 0)　回车"Enter"。

依据图4.8的结果，模型的具体形式为：

$$D.GNP=(1-B)GNP_t=1.392+0.466\mathrm{D}.GNP_{t-1}+\varepsilon_t,$$

$$var\left(\varepsilon_t\right)=2.488^2。$$

注意：对GNP拟合ARIMA模型和对Dg拟合AR模型，模型的形式是一样的。但这里如果对Dg拟合AR模型，则在后续就无法对GNP进行预测，而只能对Dg进行预测。

STEP 9 计算残差(略，操作步骤见3.3.4，STEP 9)。

STEP 10 残差的白噪声检验(模型整体有效性检验)(略，具体操作步骤见2.3.3)。

STEP 11 增加时间变量的取值。在这里增加时间变量值1971—1974(略，具体操作见3.5.4 STEP 7)。

STEP 12 进行预测 点击在菜单栏上点击【Statistics】>【Postestimation】>【Predictions，residuals，etc.】，跳出新的对话框窗口"predict"(图4.9)，在"Main"菜单下的"New variable name"键入残差变量名xb，在"Produce"中选择"Values for mean equation in y - the undifferenced series"，在"Options"菜单下选择"Switch to dynamic predictions at time max=AR lag + max MA lag"，"点击"OK"，如图4-10。

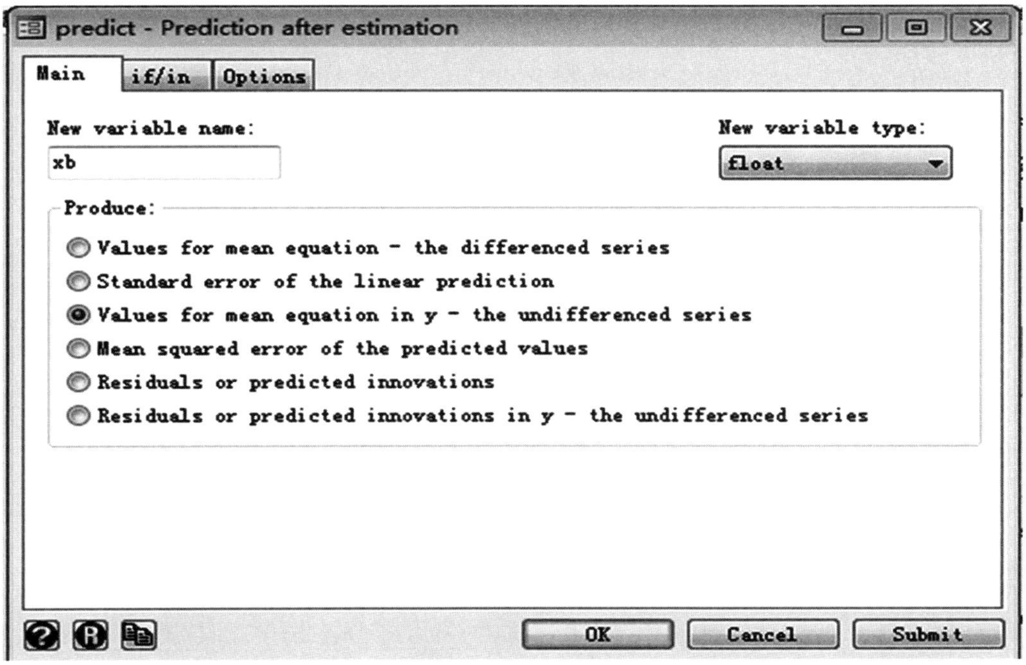

predict - Prediction after estimation
Main　if/in　Options
New variable name:　xb
New variable type:　float
Produce:
Values for mean equation - the differenced series
Standard error of the linear prediction
Values for mean equation in y - the undifferenced series
Mean squared error of the predicted values
Residuals or predicted innovations
Residuals or predicted innovations in y - the undifferenced series
OK　Cancel　Submit

图4.9　对话框窗口"predict"

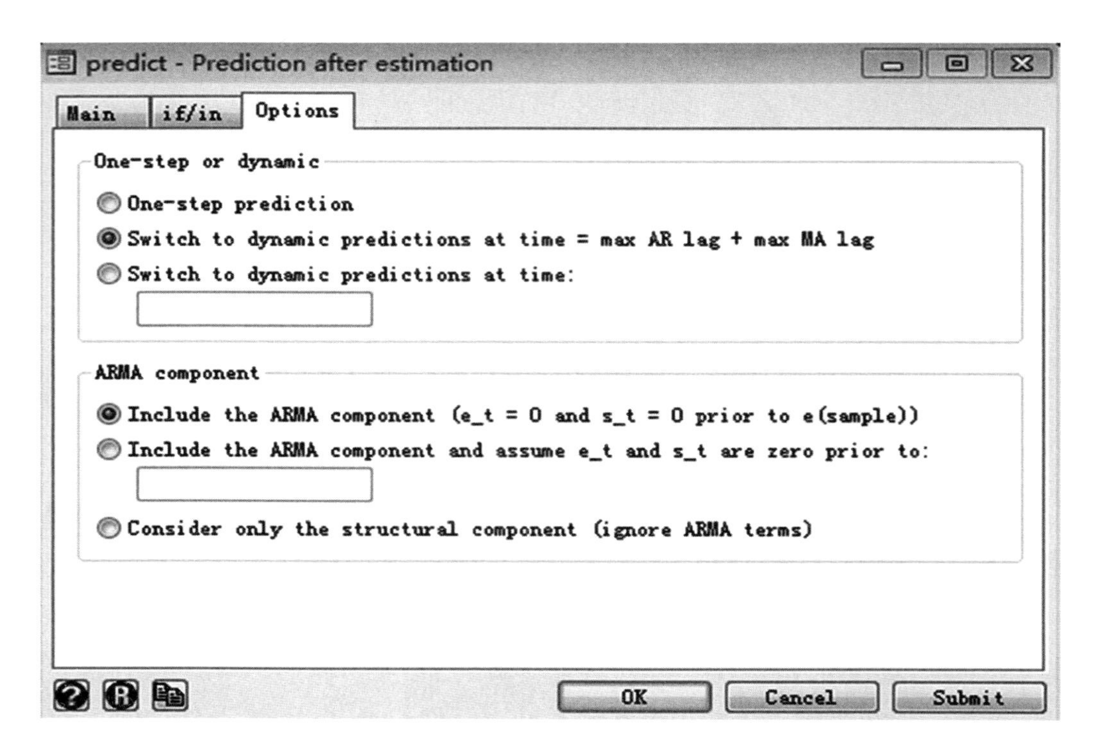

图 4.10　对话框窗口“predict”

图 4.10 中的预测，有 One-step prediction 等三个选项，选第一项和第二项结果的区别见图 4.11。其中，xb 是 One-step prediction，xb1 是 dynamic predictions。

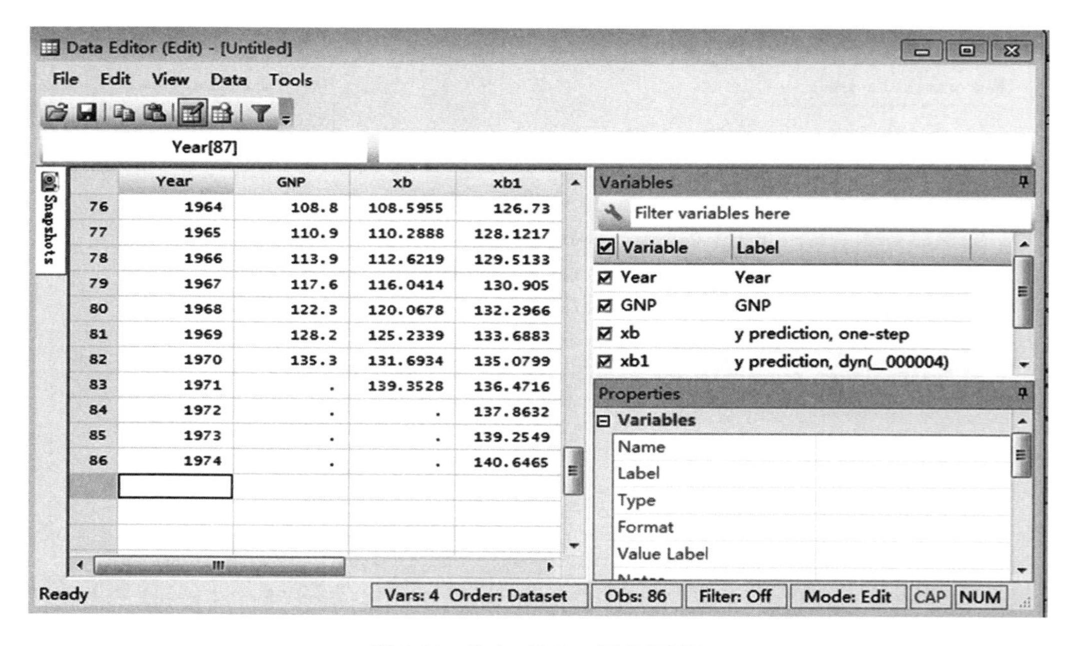

图 4.11　Data Editor(Edit)窗口

4.3 疏系数模型

4.3.1 实验要求

掌握疏系数模型的建模步骤

4.3.2 实验数据

数据:1917—1975年美国23岁妇女每万人生育率序列,见附录表7。

4.3.3 实验内容

- 形成记录文件。
- 观察时序图。
- 差分平稳性检验。
- 白噪声检验。
- 模型定阶(依据自相关系数图和偏自相关系数图)。
- 参数估计和参数有效性检验。
- 残差白噪声检验(模型有效性检验)。

4.3.4 实验步骤

STEP 1 形成记录文件(略,步骤见1.7.1)。

STEP 2 导入Excel数据,形成Stata格式数据,定义时间变量(略,步骤见2.2.4)。

STEP 3 绘制时序图(略,步骤见1.6.2),结果如图4.12。从图的形状可以看出,该序列有显著的趋势,为典型的非平稳序列。

STEP 4 差分。图4.12显示,原序列呈现出近似线性趋势,所以选择1阶差分。操作方法:在工作区的【Command】窗口中输入命令generate,形成新变量,这个变量的值是fertility的一阶差分,即:

generate Df=D1.fertility。

敲击"回车(Enter)"。同时,不要忘记给新变量Df打上标记,在工作区的【Command】窗口中输入:

label variable Df "1st difference of fertility

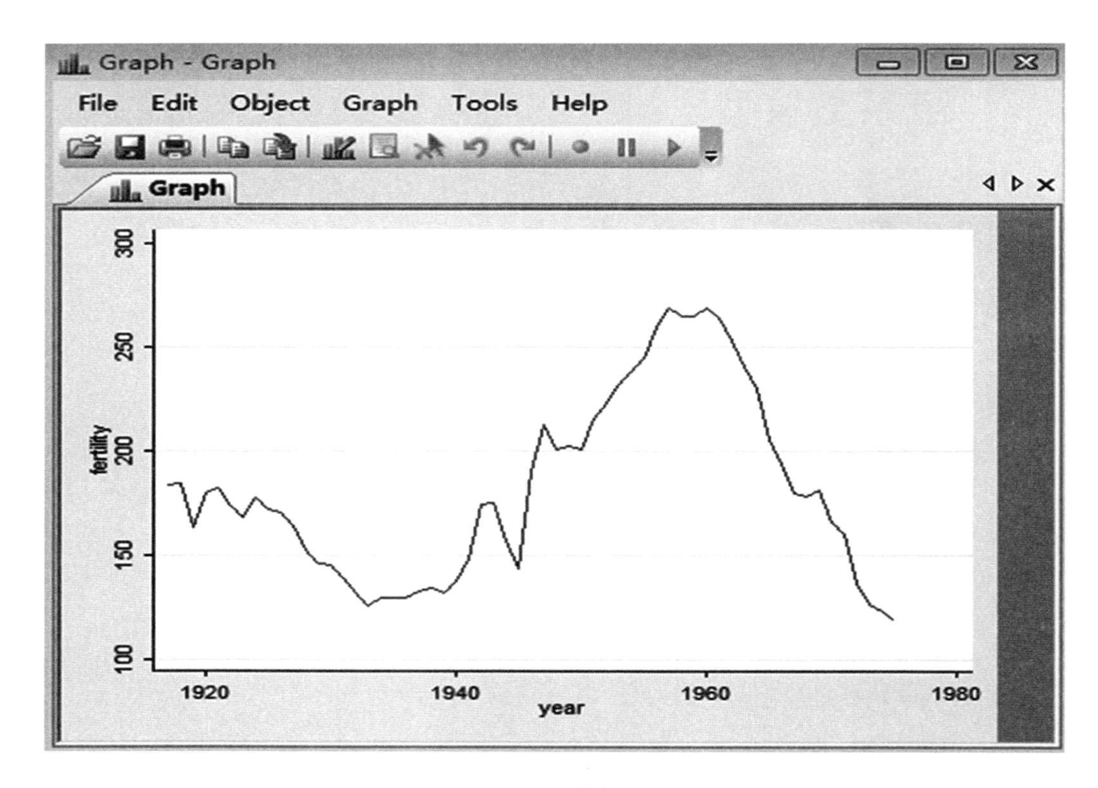

图4.12　时序图

在工作区的【Variables】窗口显示变量和标记(图4.13)。

Variables

Variable	Label
year	year
fertility	fertility
Df	1st difference of fertility

图4.13　工作区的【Variables】窗口

STEP 5 差分平稳判定。对时序Df进行Unit Root检验(略,步骤见2.2.4),ADF检验结果见表4.2。检验结果显示,该序列的所有p-value都小于显著性水平0.05,所以Df序列是平稳的时间序列。

表4.2　时间序列Df的ADF检验结果

类型	延迟阶数	Test Statistic	p-value
类型一(不包含漂移项的自回归)	0	-5.540(小于1% critical value)	——

续　表

类型	延迟阶数	Test Statistic	p-value
类型一(不包含漂移项的自回归)	1	−5.128(小于1% critical value)	——
	2	−3.370(小于1% critical value)	——
类型二(包含漂移项的自回归)	0	−5.530	0.0000
	1	−5.097	0.0000
	2	−3.391	0.0007
类型三(包含趋势项的自回归)	0	−5.586	0.0000
	1	−5.331	0.0009
	2	−3.472	0.0424

STEP6　白噪声检验。对时序Df进行白噪声检验(略,步骤见2.3.4)。检验的结果表明:Df序列是非白噪声序列。

STEP7　模型定阶。计算时序Df的自相关系数(图4.14)和偏自相关系数(图4.15)(略,步骤见3.2.4)。

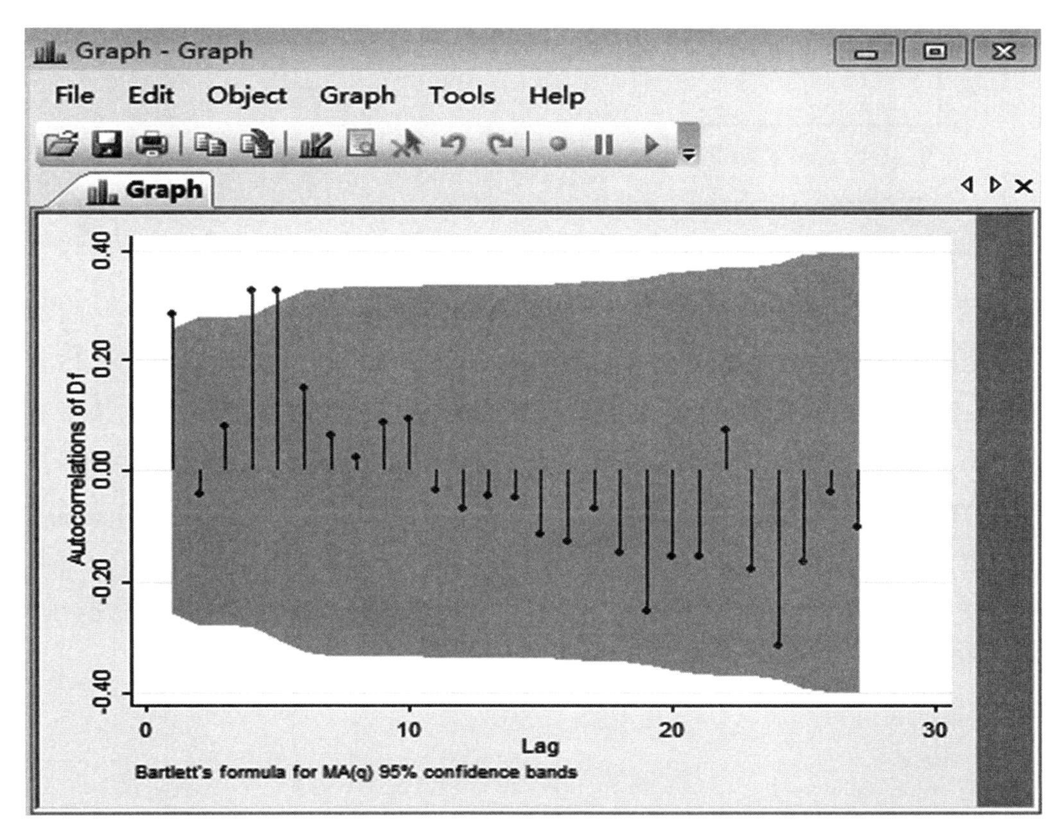

图4.14　自相关系数图ACF

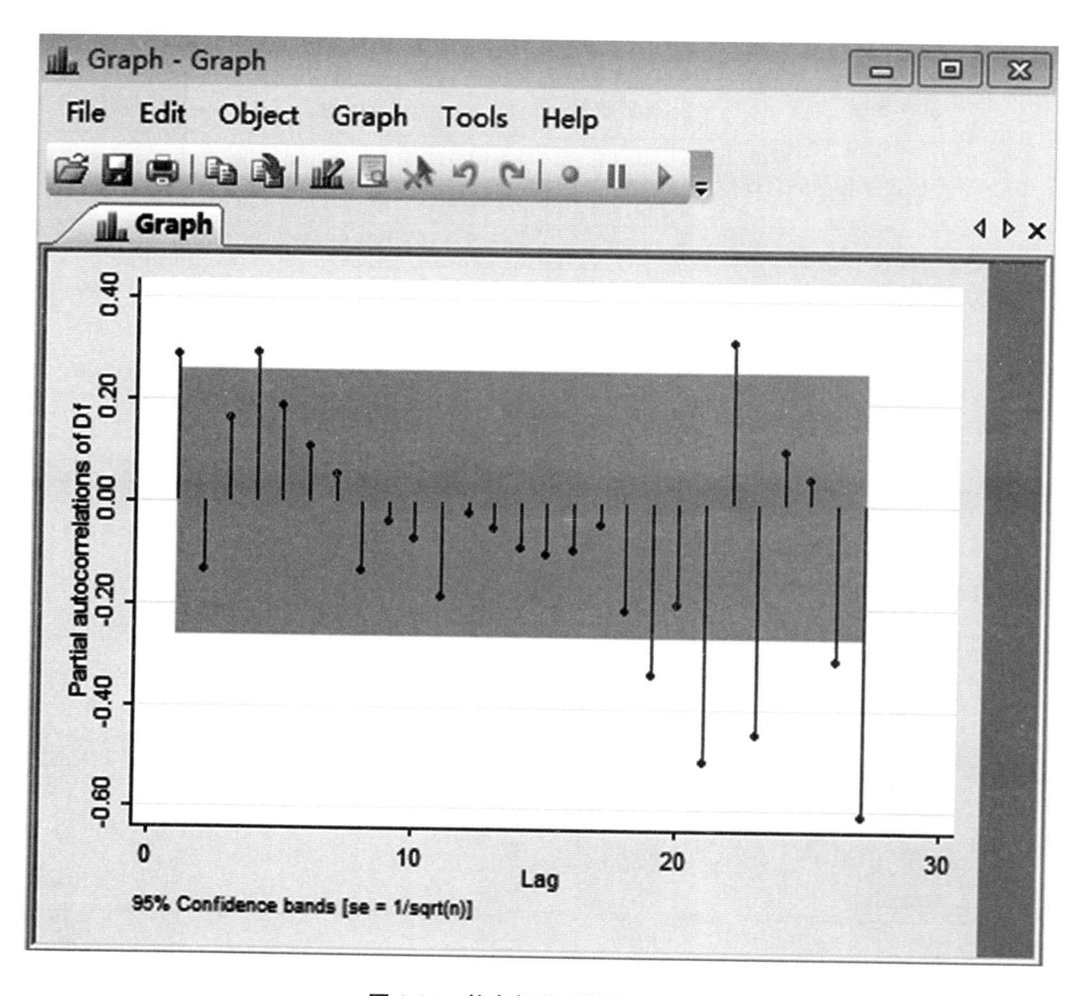

图4.15　偏自相关系数图PACF

图4.14显示，ACF延迟1阶、4阶和5阶自相关系数大于2倍标准差，图4.15显示，PACF延迟1阶和4阶的偏自相关系数大于2倍标准差。可以考虑的模型有ARMA((1 4 5) (1 4))、AR((1 4))、MA((1 4))。这里尝试拟合疏系数模型AR((1 4))。

STEP 8 参数估计及参数有效性检验。在菜单栏上点击【Statistics】>【Time series】>【ARIMA and ARIMAX models】，跳出新的对话窗口"arima"(图4.16)，选择"Model"框，在"Dependent variable"选择指标变量Df，在"Supply list of ARMA lags"下面的"list of AR lags"填入"1 4"，然后点击"OK"。工作区【Results】窗口显示结果(图4.17)。

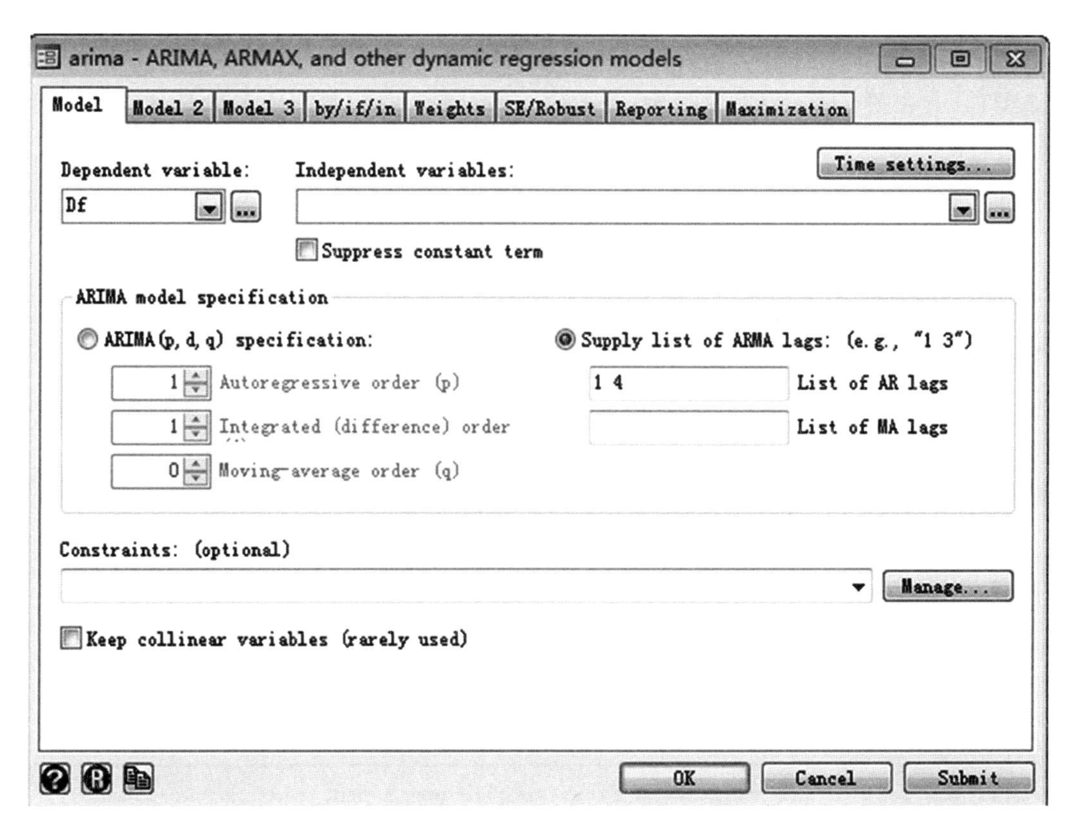

图4.16　对话窗口“arima”

```
ARIMA regression

Sample:  1918 - 1975                        Number of obs     =        58
                                            Wald chi2(2)      =     12.78
Log likelihood = -220.8924                  Prob > chi2       =    0.0017

------------------------------------------------------------------------------
             |                 OPG
          Df |      Coef.   Std. Err.      z    P>|z|     [95% Conf. Interval]
-------------+----------------------------------------------------------------
Df           |
       _cons |  -1.559794   3.664663    -0.43   0.670    -8.742401    5.622813
-------------+----------------------------------------------------------------
ARMA         |
          ar |
         L1. |   .2536773   .1250549     2.03   0.043     .0085742    .4987804
         L4. |   .3386313   .1071226     3.16   0.002     .1286749    .5485878
-------------+----------------------------------------------------------------
      /sigma |   10.85141   .8849801    12.26   0.000     9.116878    12.58594
------------------------------------------------------------------------------
Note: The test of the variance against zero is one sided, and the two-sided
      confidence interval is truncated at zero.
```

图4.17　工作区【Results】窗口

从图4.17可以看出，常数项的p-value是0.670，无法通过参数的显著性检验。重复STEP 8，在图4.16对话框窗口中，“Suppress constant term”前打√，其余选项同。最终结果见图4.18。从图4-18中可以看出，所有的参数p-value值都小于显著性水平0.05，通过了参数的显著性检验。

```
ARIMA regression

Sample:  1918 - 1975                    Number of obs      =        58
                                        Wald chi2(2)       =     12.86
Log likelihood = -221.0043              Prob > chi2        =    0.0016
```

Df	Coef.	OPG Std. Err.	z	P>|z|	[95% Conf.	Interval]
ARMA						
ar						
L1.	.2583362	.1250171	2.07	0.039	.0133073	.5033652
L4.	.340764	.1033495	3.30	0.001	.1382027	.5433253
/sigma	10.87118	.8780692	12.38	0.000	9.1502	12.59217

Note: The test of the variance against zero is one sided, and the two-sided confidence interval is truncated at zero.

图4.18　工作区【Results】窗口

依据图4.18，模型的具体形式为：

$$Df_t = 0.258Df_{t-1} + 0.341Df_{t-4} + \varepsilon_t,$$

$$var\left(\varepsilon_t\right) = 10.871^2。$$

STEP 9 计算残差(略，操作步骤见3.3.4 STEP 9)。

STEP 10 残差的白噪声检验(模型整体有效性检验)，通过检验(略，具体操作步骤见2.3.3)。

疏系数模型定阶需要经验，对于初学者而言，可以运用传统的定阶方法，通过反复尝试和删减不显著参数得到的疏系数模型。

4.4 季节ARIMA加法模型

4.4.1 实验要求

掌握季节ARIMA加法模型建模步骤。

4.4.2 实验数据

数据:1962—1991年德国工人季度失业率序列,见附录表8。

4.4.3 实验内容

- 形成记录文件。
- 观察时序图。
- 差分平稳性检验。
- 白噪声检验。
- 模型定阶(依据自相关系数图和偏自相关系数图)。
- 参数估计和参数有效性检验。
- 残差白噪声检验(模型有效性检验)。

4.4.4 实验步骤

STEP 1 形成记录文件(略,步骤见1.7.1)。

STEP 2 导入Excel数据,形成Stata格式数据,定义时间变量(略,步骤见2.2.4)。

STEP 3 绘制时序图(略,步骤见1.6.2),结果如图4.19。从图的形状可以看出,该序列有显著的趋势和周期,为典型的非平稳序列。

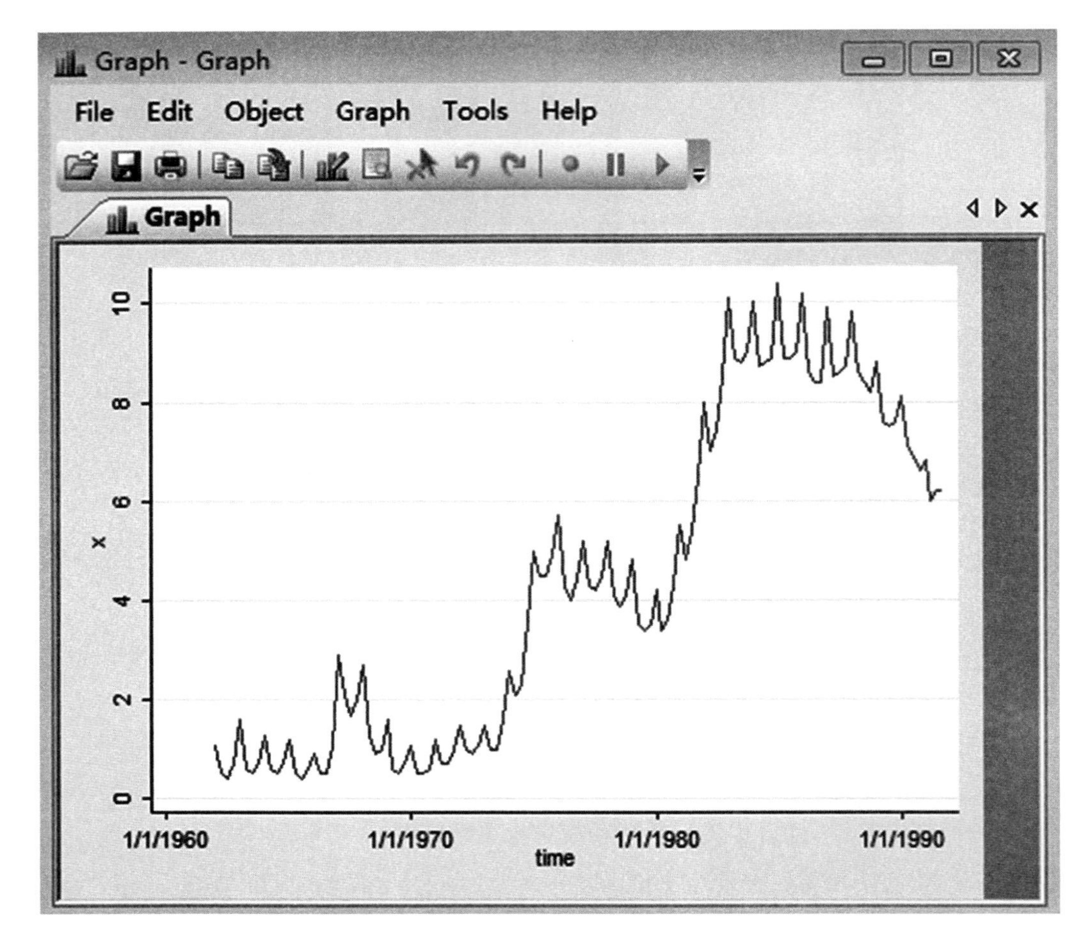

图4.19 时序图

STEP 4 差分。图4.19显示,原序列呈现出近似线性趋势,所以选择1阶差分,同时,在存在着以3个月为一季的周期,选择4步差分(注意:在时间序列分析中,“季节”的英文为Season,并非仅限于3个月,如果给出的是月度数据,这时候的One Season就是指1个月)。操作方法:在工作区的【Command】窗口中输入命令generate,首先形成x的一阶差分新变量Dx,即

generate Dx=D1.x。

敲击“回车(Enter)”,然后再形成Dx的4步差分新变量L4Dx,即

generate L4Dx=Dx-L4.Dx。

同时,不要忘记给新变量L4Dx打上标记,在工作区的【Command】窗口中输入

label variable L4Dx “1st difference and 4 steps difference of x”

在工作区的【Variables】窗口显示变量和标记(图4.20)。

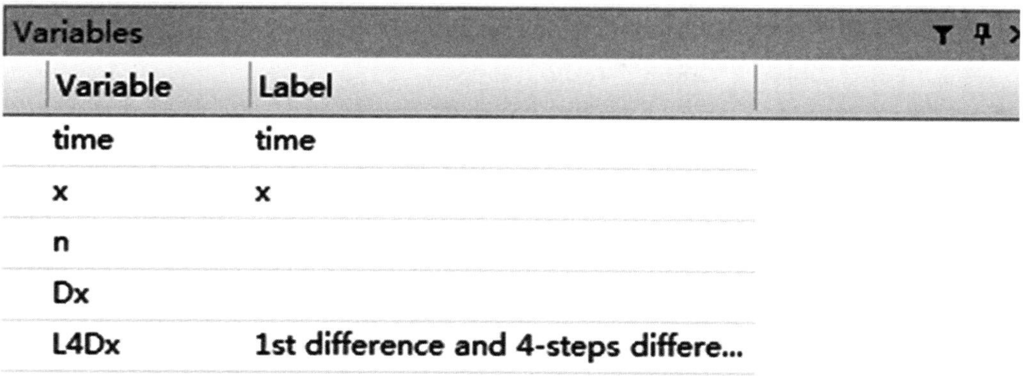

Variables

Variable	Label
time	time
x	x
n	
Dx	
L4Dx	1st difference and 4-steps differe...

图4.20　工作区的【Variables】窗口

STEP 5 差分平稳判定。对时序L4Dx进行Unit Root检验(略,步骤见2.2.4),ADF检验结果见表4.3。检验结果显示,该序列的所有p-value都小于显著性水平0.05,所以L4Dx序列是平稳的时间序列。

表4.3　时间序列L4Dx的ADF检验结果

类型	延迟阶数	Test Statistic	p-value
类型一(不包含漂移项的自回归)	0	-6.773(小于1% critical value)	——
	1	-5.506(小于1% critical value)	——
	2	-4.891(小于1% critical value)	——
类型二(包含漂移项的自回归)	0	-6.740	0.0000
	1	-5.479	0.0000
	2	-4.864	0.0000
类型三(包含趋势项的自回归)	0	-6.715	0.0000
	1	-5.454	0.0009
	2	-4.843	0.0004

STEP 6 白噪声检验。对时序L4Dx进行白噪声检验(略,步骤见2.3.4)。检验的结果表明:L4Dx序列是非白噪声序列。

STEP 7 模型定阶。计算时序L4Dx的自相关系数(图4.21)和偏自相关系数(图4.22)(略,步骤见3.2.4)。

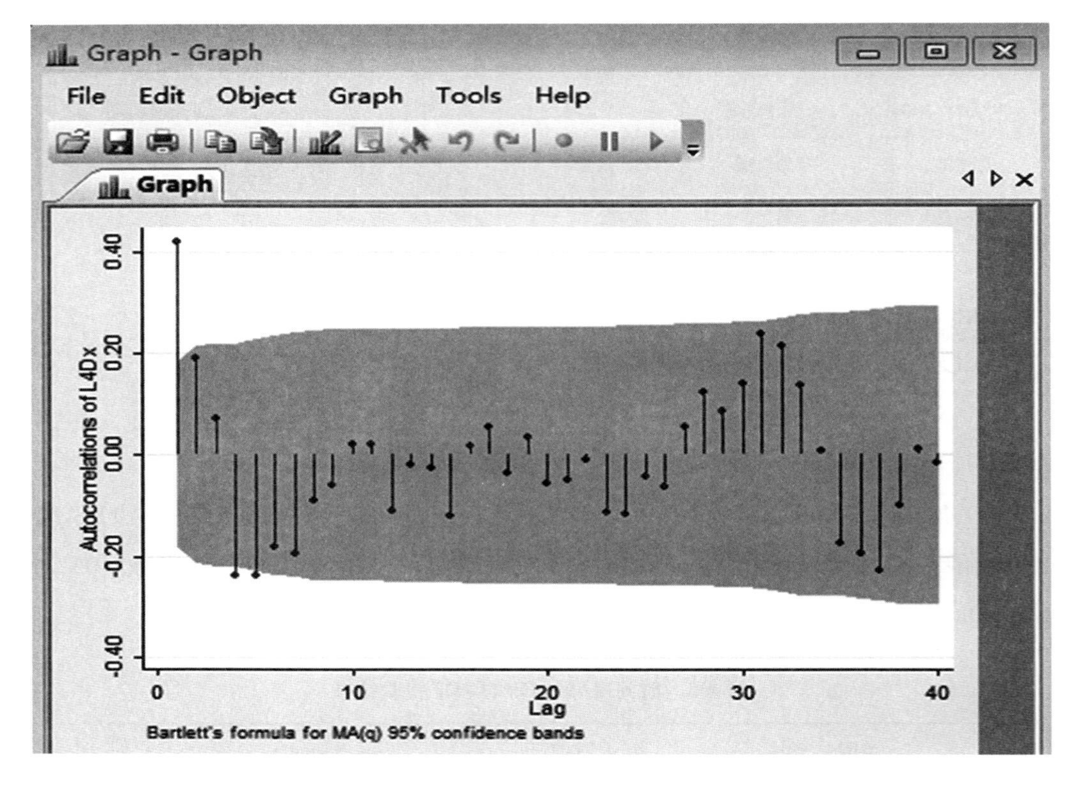

图 4.21　自相关系数图 ACF

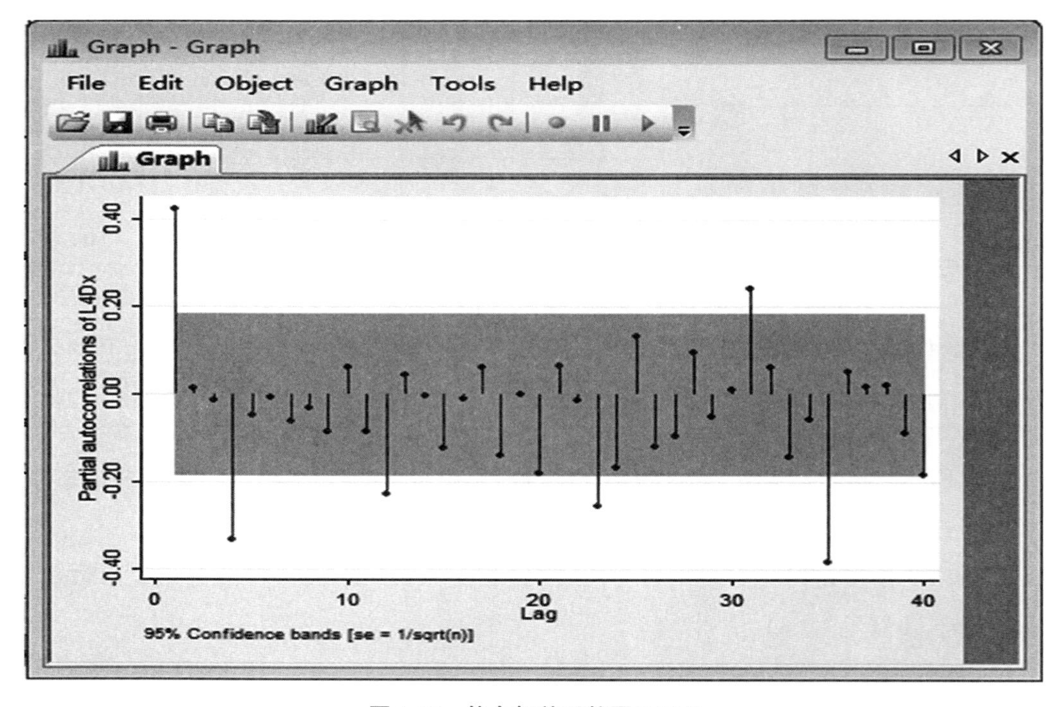

图 4.22　偏自相关系数图 PACF

图4.21显示，ACF自相关图显示出明显的下滑轨迹，典型的拖尾属性。图4.22显示，PACF偏自相关图除了1阶和4阶偏自相关系数显著大于2倍标准差，其他阶数的偏自相关系数基本都在2倍标准差范围内波动。所以尝试对L4Dx拟合疏系数模型AR(1,4)，也就是对序列x拟合疏系数的加法季节模型。

STEP 8 参数估计及参数有效性检验。在菜单栏上点击【Statistics】>【Time series】>【ARIMA and ARIMAX models】，跳出新的对话窗口“arima”(图4.23)，选择“Model”框，在“Dependent variable”选择指标变量L4Dx，在“Supply list of ARMA lags”下面的“list of AR lags”填入“1 4”，然后点击“OK”。工作区【Results】窗口显示结果(图4.24)。

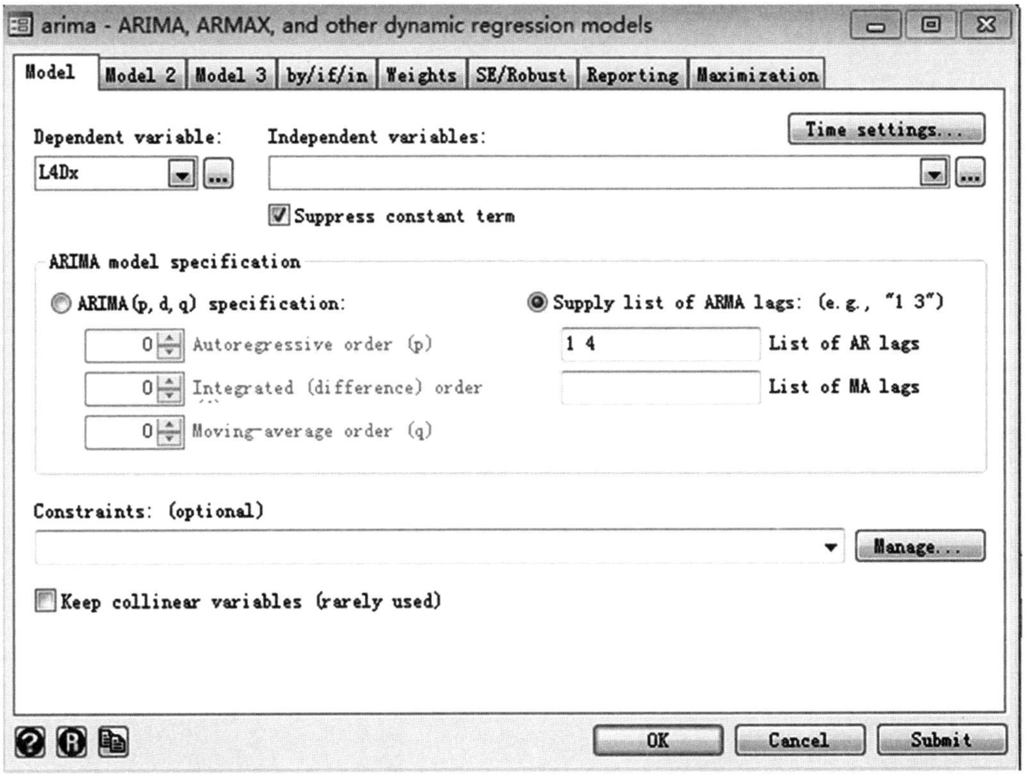

图4.23　对话窗口“arima”

依据图4.24，模型的具体形式为：

$$L4Dx_t = (1 - B)(1 - B^4)x_t = \frac{\varepsilon_t}{1 - 0.445B + 0.272B^4}$$

$$var(\varepsilon_t) = 0.304^2。$$

STEP 9 计算残差(略,操作步骤见3.3.4 STEP 9)。

STEP 10 残差的白噪声检验(模型整体有效性检验),通过检验(略,具体操作步骤见2.3.3)。

```
ARIMA regression

Sample:   6 - 120                               Number of obs      =       115
                                                Wald chi2(2)       =     86.64
Log likelihood = -26.69691                      Prob > chi2        =    0.0000

------------------------------------------------------------------------------
             |                 OPG
        L4Dx |      Coef.   Std. Err.      z    P>|z|     [95% Conf. Interval]
-------------+----------------------------------------------------------------
ARMA         |
          ar |
         L1. |   .4448616   .0512529     8.68   0.000     .3444079    .5453154
         L4. |  -.2720631   .0684483    -3.97   0.000    -.4062194   -.1379069
-------------+----------------------------------------------------------------
      /sigma |   .3044046    .014127    21.55   0.000     .2767162     .332093
------------------------------------------------------------------------------
Note: The test of the variance against zero is one sided, and the two-sided
      confidence interval is truncated at zero.
```

图4.24 工作区【Results】窗口

4.5 季节ARIMA乘法模型

4.5.1 实验要求

掌握疏系数模型的建模步骤。

4.5.2 实验数据

数据:1948—1981年美国女性 (20岁以上)月度失业率序列,见附录表9。

4.5.3 实验内容

- 形成记录文件。
- 观察时序图。
- 差分平稳性检验。

- 白噪声检验。
- 模型定阶(依据自相关系数图和偏自相关系数图)。
- 参数估计和参数有效性检验。
- 残差白噪声检验(模型有效性检验)。

4.5.4 实验步骤

STEP 1 形成记录文件(略,步骤见1.7.1)。

STEP 2 导入Excel数据,形成Stata格式数据,定义时间变量(略,步骤见2.2.4)。

STEP 3 绘制时序图(略,步骤见1.6.2),结果如图4.25。从图的形状可以看出,该序列有显著的趋势和周期,为典型的非平稳序列。

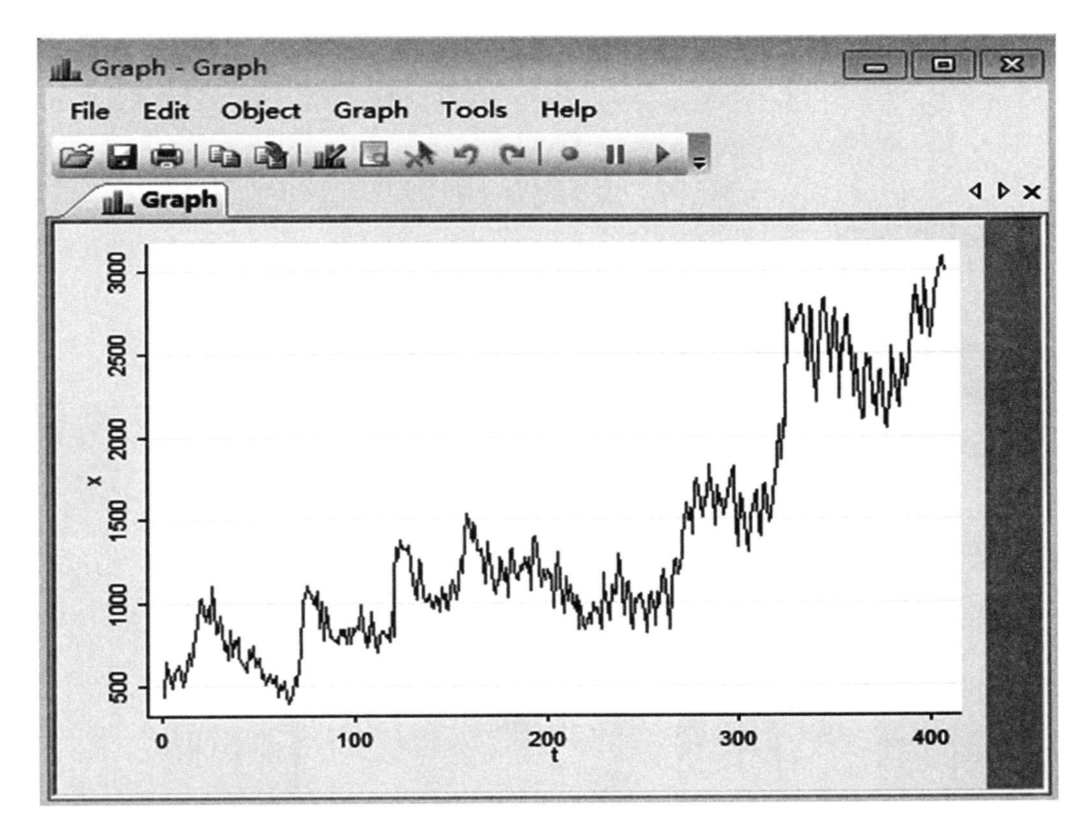

图4.25 时序图

STEP 4 差分。图4.25显示,原序列呈现出近似线性趋势,所以选择1阶差分,同时,在存在着以1个月为一季的周期,选择12步差分。操作方法:在工作区的【Command】窗口中输入命令generate,首先形成x的一阶差分新变量Dx,即:

generate Dx=D1.x。

敲击“回车(Enter)”,然后再形成 Dx 的 12 步差分新变量 L12Dx,即:

generate L12Dx=Dx−L12.Dx。

同时,不要忘记给新变量 L12Dx 打上标记,在工作区的【Command】窗口中输入

label variable L4Dx "1st difference and 12 steps difference of x"

在工作区的【Variables】窗口显示变量和标记(图 4.26)。L4Dx 的时序图见图 4.27。

Variables

Variable	Label
time	time
x	x
t	
Dx	
L12Dx	1st difference and 12 steps differ...

图 4.26　工作区的【Variables】窗口

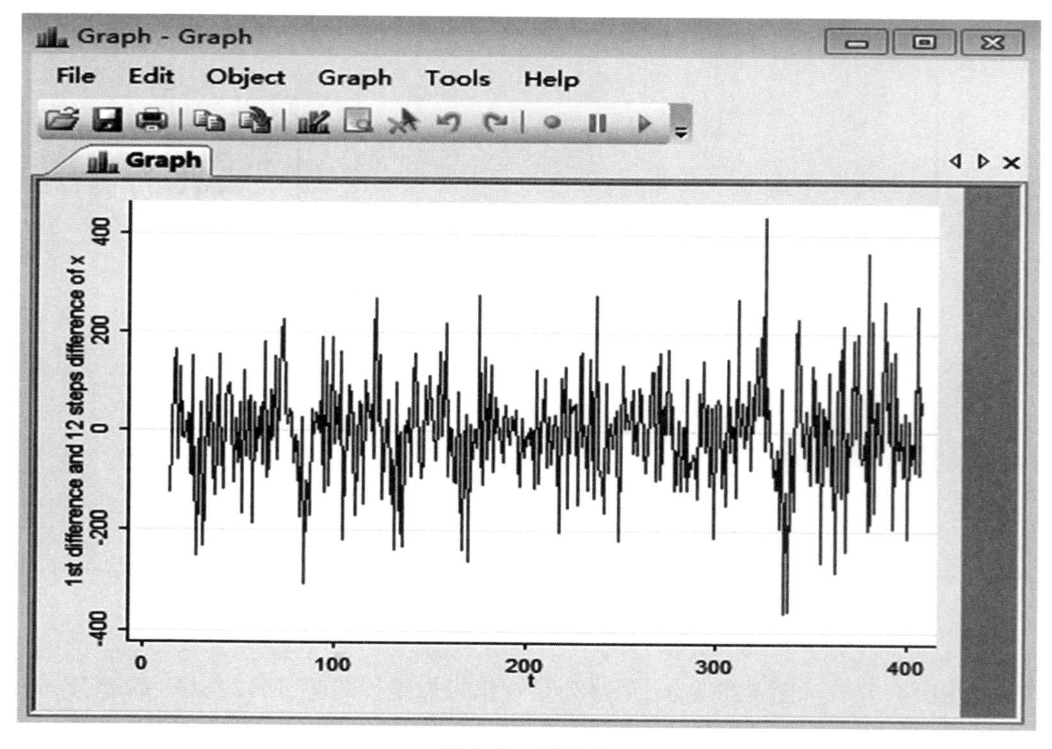

图 4.27　时序图

STEP 5 差分平稳判定。对时序L12Dx进行Unit Root检验(略,步骤见2.2.4),ADF检验结果见表4.4。检验结果显示,该序列类型二、类型三的p-value都小于显著性水平0.05,所以L12Dx序列是平稳的时间序列。

表4.4　时间序列L4Dx的ADF检验结果

类型	延迟阶数	Test Statistic	p-value
类型一(不包含漂移项的自回归)	0	−22.814(小于1% critical value)	——
	1	−12.523(小于1% critical value)	——
	2	−9.785(小于1% critical value)	——
类型二(包含漂移项的自回归)	0	−22.786	0.0000
	1	−12.509	0.0000
	2	−9.773	0.0000
类型三(包含趋势项的自回归)	0	−22.761	0.0000
	1	−12.495	0.0000
	2	−9.766	0.0000

STEP 6 白噪声检验。对时序L12Dx进行白噪声检验(略,步骤见2.3.4)。检验的结果表明:L12Dx序列是非白噪声序列。

STEP 7 模型定阶。计算时序L12Dx的自相关系数(图4.28)和偏自相关系数(图4.29)(略,步骤见3.2.4)。

首先考虑1阶12步差分之后序列12阶以内的自相关系数和偏自相关系数的特征,以确定短期相关模型,自相关图(图4.28)和偏自相关图(图4.29)显示12阶以内的自相关系数和偏自相关系数均不截尾,所以尝试使用ARMA(1,1)模型提取差分后序列的短期自相关信息。其次考虑季节自相关特征,主要考察延迟12阶、24阶等以周期长度为单位的自相关系数和偏自相关系数的特征,自相关系数图(图4.28)显示延迟12阶自相关系数显著非零,但是延迟24阶自相关系数落入2倍标准差范围。而偏自相关图(图4.29)显示延迟12阶和延迟24阶的偏自相关系数都显著非零。所以可以认为季节自相关特征是自相关系数截尾,偏自相关系数拖尾,这时用以12步为周期的$ARMA(0,1)_{12}$模型提取差分后序列的季节自相关信息。

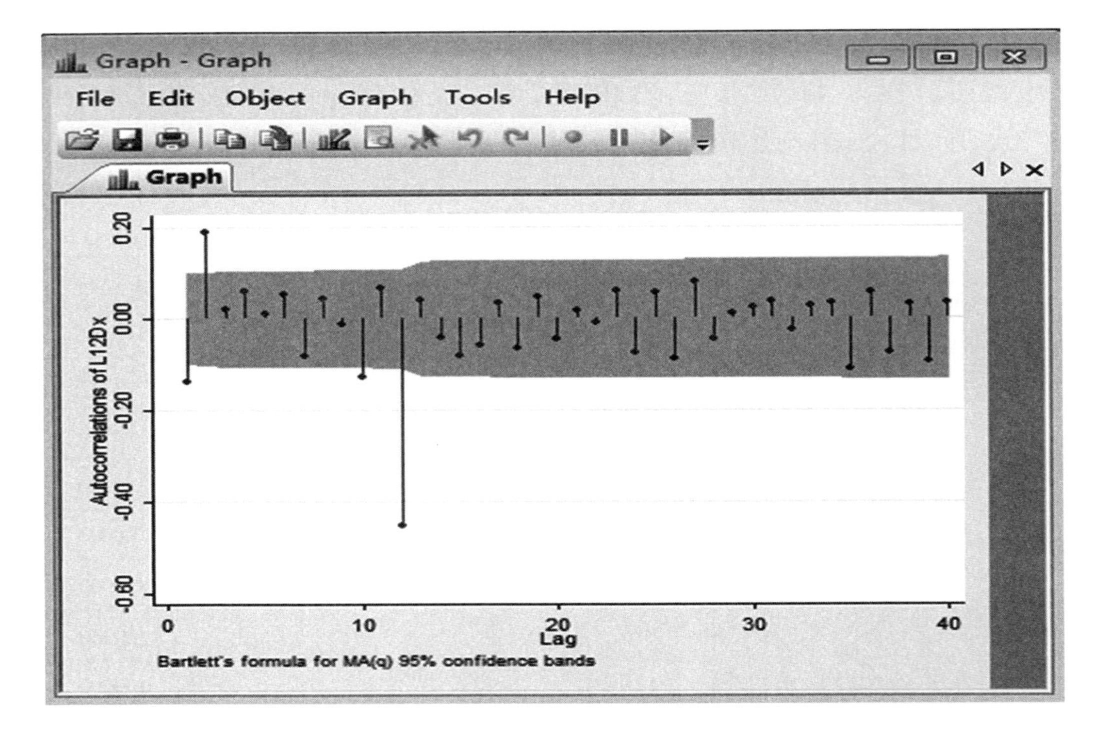

图 4.28　自相关系数图 ACF

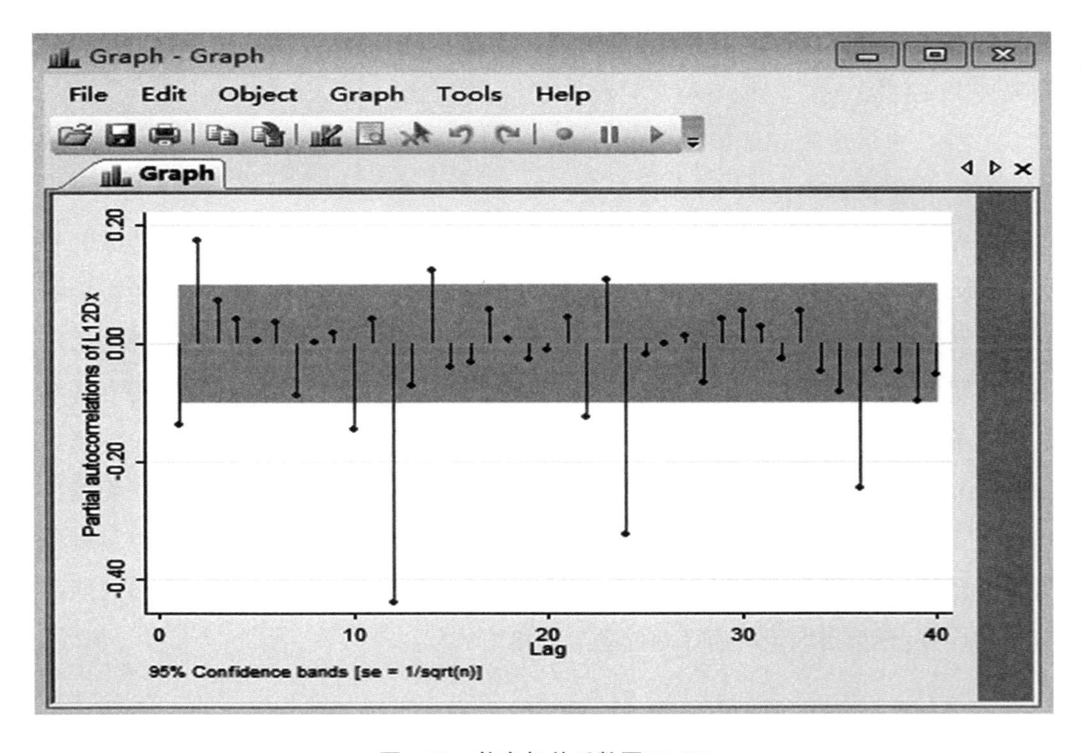

图 4.29　偏自相关系数图 PACF

STEP 8 参数估计及参数有效性检验 在菜单栏上点击【Statistics】>【Time series】>【ARIMA and ARIMAX models】，跳出新的对话窗口“arima”(图4.30)，选择“Model”框，在“Dependent variable”选择指标变量L12Dx，在“ARIMA(p,d,q) specification”下面选择“Moving-average order(q)”为“1”，再选择“Model 2”框(图4.31)，在“SARIMA(P,D,Q,S) specification”下面选择 “Moving-average order(Q)”为“1”，“Seasonal lags(S)”为“12”，然后点击“OK”，工作区【Results】窗口显示结果(图4.32)。

依据图4.32，模型的具体形式为：

$$L12Dx_t = (1 - B)(1 - B^{12})x_t = \frac{1 - 0.604B}{1 + 0.727B}(1 + 0.792B^{12})\varepsilon_t,$$

$$var(\varepsilon_t) = 86.279^2。$$

STEP 9 计算残差 (略，操作步骤见3.3.4 STEP 9)。

STEP 10 残差的白噪声检验(模型整体有效性检验)，通过检验(略，具体操作步骤见2.3.3)。

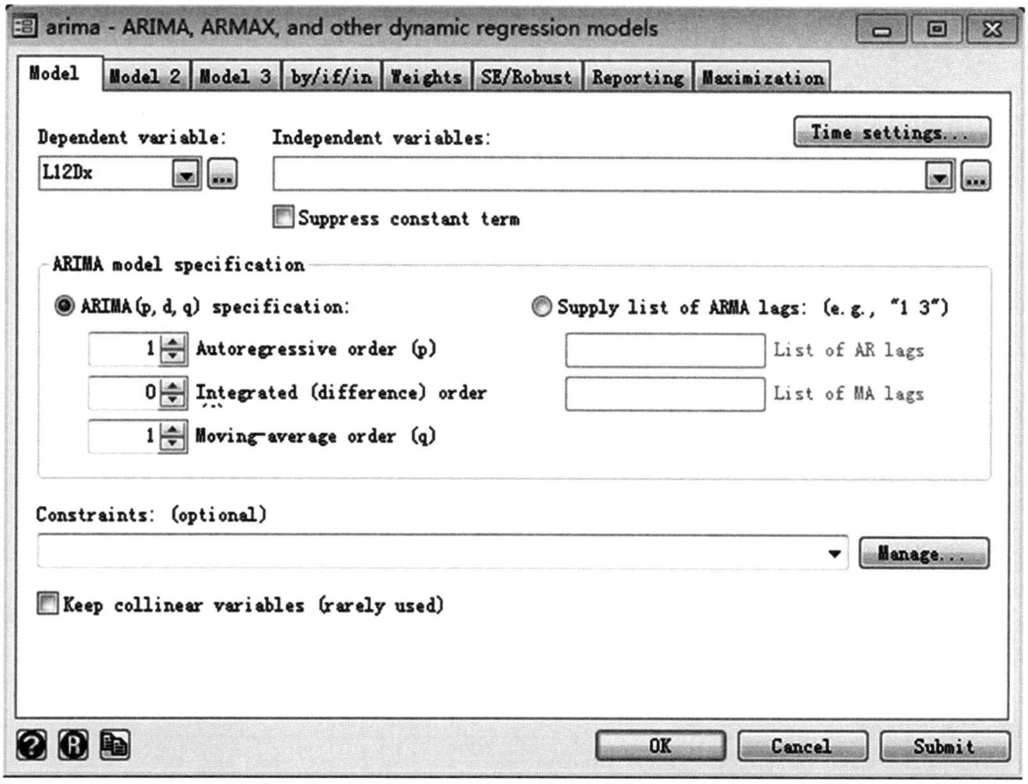

图4.30　对话窗口“arima”

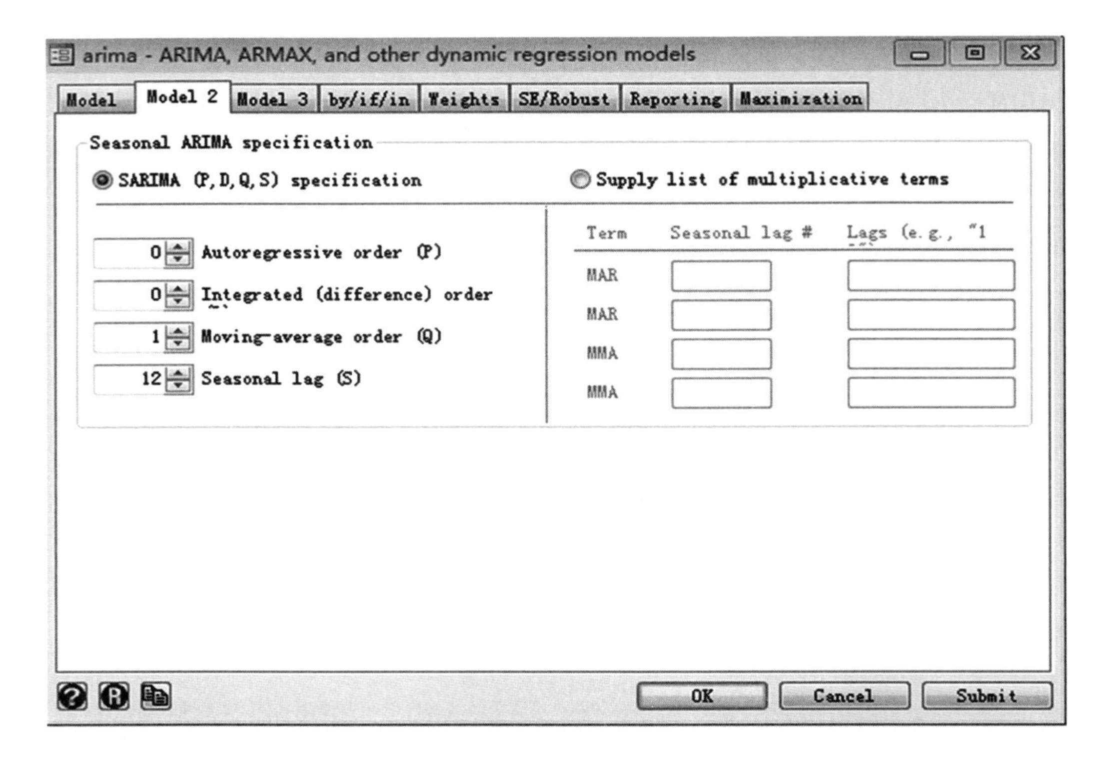

图 4.31　对话窗口“arima”

```
ARIMA regression

Sample:  14 - 408                               Number of obs     =        395
                                                Wald chi2(3)      =     564.74
Log likelihood = -2327.141                      Prob > chi2       =     0.0000

------------------------------------------------------------------------------
             |                 OPG
       L12Dx |      Coef.   Std. Err.      z    P>|z|     [95% Conf. Interval]
-------------+----------------------------------------------------------------
ARMA         |
          ar |
         L1. |  -.7273502    .166551    -4.37   0.000    -1.053784   -.4009163
             |
          ma |
         L1. |   .6038943   .1932222     3.13   0.002     .2251857    .9826029
-------------+----------------------------------------------------------------
ARMA12       |
          ma |
         L1. |   -.791723   .0347757   -22.77   0.000    -.8598822   -.7235639
-------------+----------------------------------------------------------------
      /sigma |   86.27967   2.426984    35.55   0.000     81.52286    91.03647
------------------------------------------------------------------------------
Note: The test of the variance against zero is one sided, and the two-sided
      confidence interval is truncated at zero.
```

图 4.32　工作区【Results】窗口

第五章

条件异方差模型

5.1 基础知识

5.1.1 方差齐性假设的重要性

前面介绍的模型拟合方法(ARMA 模型系列及 ARIMA 模型系列)都属于对序列均值的拟合方法：

$$\hat{x}_{t+1} = E(x_{t+1})。$$

但均值的估计值只是一个点估计。对于预测而言,只知道一个点估计没有意义,因为未来真实值恰好等于点估计值的概率近似为0。真正有意义的是预测值的置信区间。所以序列预测时,我们更在意预测值的置信区间。之前求的置信区间都基于一个默认的假定——残差序列方差齐性(同方差)：

$$(\hat{x}_{t+1} - 1.96\hat{\sigma}_{t+1}, \hat{x}_{t+1} + 1.96\hat{\sigma}_{t+1}) = (\hat{x}_{t+1} - 1.96\hat{\sigma}_{\varepsilon}, \hat{x}_{t+1} + 1.96\hat{\sigma}_{\varepsilon})。$$

如果残差序列不满足方差齐性假定,那么置信区间的真实置信度将受到影响。这里我们要注意的是,在对 ARMA 模型系列及 ARIMA 模型序列的残差做白噪声检验时,Q 统计量和 B 统计量只检验了白噪声三个条件中的两个,即零均值 $E(\varepsilon_t) = 0$ 和纯随机 $Cov(\varepsilon_t, \varepsilon_{t-i}) = 0, \forall i \geqslant 1$,第三个条件方差齐性 $var(\varepsilon_t) = \sigma^2$ 是没有检验的,是默认它是满足的。但实际上,在许多情况下这个条件并不总是满足。

5.1.2 方差非齐性的原因

方差非齐性(异方差)产生的原因是时序数据存在集群效应(volatility cluster)。它是指在消除确定性非平稳因素的影响后,残差序列在大部分时段小幅波动,但是会在某些时段出现持续大幅波动,于是序列的波动就呈现出一段持续时间的小幅波动和一段持续时间的大幅波动交替出现的特征。集群效应的产生原因,通常被认为是经济市场和金融市场的波动易受谣言、政局变动、政府货币与财政政策变化等诸多因素的影响,一旦某个影响因素出现,市场会大幅波动,以消化这个影响,这就出现密集的大幅波动,波动到位实现新的稳定之后,在下一个影响因素到来之前,序列会维持一段时间的小幅波动。典型的集群效应见图5.1。

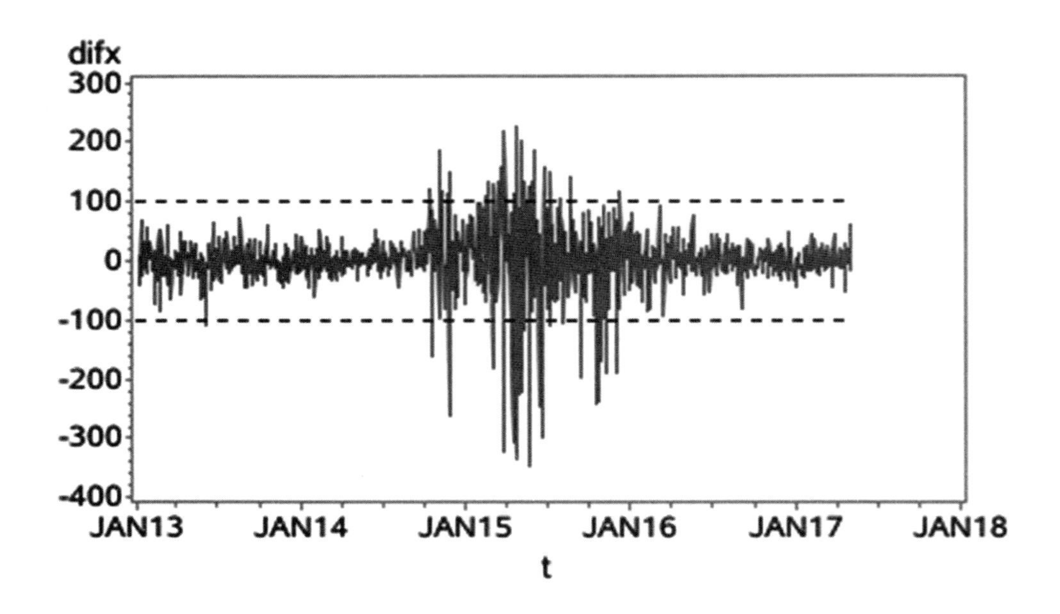

图5.1 集群效应图

集群效应意味着序列的波动存在相关性。因为如果序列的波动不存在相关性的话,就不会产生小幅波动和大幅波动集中交替出现,而是呈现出大幅波动和小幅波动完全无规律。基于这个思想,Engle构造了自回归条件异方差模型(Auto-Regressive Conditional Heteroskedastic Model)。

5.1.3 对ARCH/GARCH模型的理解

对于时间序列$X_1,X_2,\cdots,X_t$存在异方差,说明每个时刻对应变量的方差是不同的。即$\sigma_1^2,\sigma_2^2,\cdots,\sigma_t^2$是不同的,即方差也构成了一个时间序列。如果这些方差的值是随机产生的,它们之间不存在着任何关系,即$\sigma_1^2,\sigma_2^2,\cdots,\sigma_t^2$是白噪声,那么对此方差时间序列无法进行深入研究;如果它们之间存在着相关关系,那么就要把这种数量变化关系用模型的形式表达出来,表达的基本思路就是回归分析。

我们现有的只有一个观测值序列$x_1,x_2,\cdots,x_t$,它的方差大小是由$\varepsilon_1,\varepsilon_2,\cdots,\varepsilon_t$的方差决定的。$var(\varepsilon_t)=E(\varepsilon_t^2)$。现在我们观察$\varepsilon_1^2,\varepsilon_2^2,\cdots,\varepsilon_t^2$,它是一个时间序列,是回归残差平方值所构成的时间序列。如果它们之间存在着滞后p期的关系,即AR(p)模型:

$$\varepsilon_t^2=\omega+\lambda_1\varepsilon_{t-1}^2+\lambda_2\varepsilon_{t-2}^2+\cdots+\lambda_p\varepsilon_{t-p}^2+\alpha_t。$$

这里的α_t是残差平方序列AR(p)模型的残差项，对于观测值序列$\varepsilon_1^2,\varepsilon_2^2,\cdots,\varepsilon_t^2$来说，$\alpha_t=\varepsilon_t^2-E(\varepsilon_t^2|\varepsilon_{t-1}^2,\cdots,\varepsilon_{t-p}^2)$。

最后式子变成：

$$\varepsilon_t^2=\omega+\lambda_1\varepsilon_{t-1}^2+\lambda_2\varepsilon_{t-2}^2+\cdots+\lambda_p\varepsilon_{t-p}^2+\varepsilon_t^2-E(\varepsilon_t^2|\varepsilon_{t-1}^2,\cdots,\varepsilon_{t-p}^2)$$

$$E(\varepsilon_t^2|\varepsilon_{t-1}^2,\cdots\varepsilon_{t-p}^2)=\omega+\lambda_1\varepsilon_{t-1}^2+\lambda_2\varepsilon_{t-2}^2+\cdots+\lambda_p\varepsilon_{t-p}^2。$$

这就是ARCH(p)模型，它的本质就是$\varepsilon_1^2,\varepsilon_2^2,\cdots\varepsilon_t^2$的AR($p$)模型。

如果$\varepsilon_1^2\ \varepsilon_2^2\cdots\varepsilon_t^2$的关系符合ARMA($p,q$)模型，即：

$$\varepsilon_t^2=\omega+\lambda_1\varepsilon_{t-1}^2+\lambda_2\varepsilon_{t-2}^2+\cdots+\lambda_p\varepsilon_{t-p}^2+\alpha_t+\delta_1\alpha_{t-1}+\delta_2\alpha_{t-2}+\cdots+\delta_q\alpha_{t-q}$$

由于

$$\alpha_t=\varepsilon_t^2-E(\varepsilon_t^2|\varepsilon_{t-1}^2,\cdots,\varepsilon_{t-p}^2),$$

$$\alpha_{t-1}=\varepsilon_{t-1}^2-E(\varepsilon_{t-1}^2|\varepsilon_{t-2}^2,\cdots,\varepsilon_{t-p-1}^2),$$

……

$$\alpha_{t-q}=\varepsilon_{t-q}^2-E(\varepsilon_{t-q}^2|\varepsilon_{t-q-1}^2,\cdots,\varepsilon_{t-p-q}^2),$$

则

$$\begin{aligned}\varepsilon_t^2=&\ \omega+\lambda_1\varepsilon_{t-1}^2+\lambda_2\varepsilon_{t-2}^2+\cdots+\lambda_p\varepsilon_{t-p}^2+(\varepsilon_t^2-E(\varepsilon_t^2|\varepsilon_{t-1}^2,\cdots,\varepsilon_{t-p}^2))\\&+\delta_1(\varepsilon_{t-1}^2-E(\varepsilon_{t-1}^2|\varepsilon_{t-2}^2,\cdots,\varepsilon_{t-p-1}^2)),\\&+\delta_2(\varepsilon_{t-2}^2-E(\varepsilon_{t-2}^2|\varepsilon_{t-3}^2,\cdots,\varepsilon_{t-p-2}^2)),\\&+\cdots+\delta_q(\varepsilon_{t-q}^2-E(\varepsilon_{t-q}^2|\varepsilon_{t-q-1}^2,\cdots,\varepsilon_{t-p-q}^2)),\end{aligned}$$

移项得

$$\begin{aligned}E(\varepsilon_t^2|\varepsilon_{t-1}^2,\cdots,\varepsilon_{t-p}^2)=&\ \omega+(\lambda_1+1)\varepsilon_{t-1}^2+(\lambda_2+1)\varepsilon_{t-2}^2+\cdots+(\lambda_p+1)\varepsilon_{t-p}^2\\&+\delta_1E(\varepsilon_{t-1}^2|\varepsilon_{t-2}^2,\cdots,\varepsilon_{t-p-1}^2)+\delta_2E(\varepsilon_{t-2}^2|\varepsilon_{t-3}^2,\cdots,\varepsilon_{t-p-2}^2)+\cdots\\&+\delta_qE(\varepsilon_{t-q}^2|\varepsilon_{t-q-1}^2,\cdots,\varepsilon_{t-p-q}^2)。\end{aligned}$$

这就是GARCH(q,p)模型，本质上是$\varepsilon_1^2,\varepsilon_2^2,\cdots,\varepsilon_t^2$的ARMA($p,q$)模型显然，$\varepsilon_1^2,\varepsilon_2^2,\cdots,\varepsilon_t^2$和其他时序序列不同的地方就是多了一个限制条件：$\varepsilon_t^2\geqslant 0$。

总之，ARIMA模型估计的是$X_1,X_2,\cdots,X_t$，每一个X的均值，即点估计。而ARCH/GARCH估计的是每一个X的变动范围。二者结合，可以说得到了每一个X_t的区间估计。

5.1.4　单位根检验：PP检验

建立条件异方差模型，首先需要提取序列的均值（确定性）信息，而最常使用的均值模型是ARIMA模型。要建立ARIMA模型，必须首先对序列的平稳性进行判断。而ADF检验是在方差齐性假定下构造的平稳性检验统计量。它对异方差序列的平稳性检验可能会有偏差。Phillips和Perron在1988年对ADF检验进行了非参数修正，提出了Phillips-Perron检验统计量，简称为PP检验。也就是说，平稳性检验包括三个层面的含义:均值平稳、趋势平稳和方差平稳,ADF 检验统计量是基于同方差假设条件下(方差平稳)检验均值平稳或趋势平稳,而 PP 检验统计量是考虑了异方差条件下(方差非平稳)检验均值平稳或趋势平稳。总之,单位根检验(Unit Root Test)只能检验均值平稳和趋势平稳,而方差平稳的检验统计量常用的有 Portmanteau Q 统计量和拉格朗日乘子检验统计量(LM 统计量),统称为 ARCH 检验统计量。

5.2 ARCH/GARCH 模型(一)

5.2.1 实验要求

掌握均值模型为随机游走模型,方差模型为 ARCH/GARCH 模型的建模步骤,并进行预测。

5.2.2 实验数据

数据:2013 年 1 月 4 日至 2017 年 8 月 25 日上证指数每日收盘价序列,见附录表 10。

5.2.3 实验内容

- 形成记录文件。
- 观察时序图。
- 差分平稳性检验。
- 白噪声检验。
- 模型确定(依据自相关系数图和偏自相关系数图)。
- 异方差检验。
- ARCH 模型定阶。
- 参数估计和参数有效性检验。
- 模型显著性检验(标准化残差序列为白噪声序列、标准化残差平方序列为白噪声序列)。
- 正态分布检验。
- 模型预测。

5.2.4　实验步骤

STEP 1 形成记录文件(略,步骤见1.7.1)。

STEP 2 导入Excel数据,形成Stata格式数据,定义时间变量(略,步骤见2.2.4)。

STEP 3 绘制Close时序图(略,步骤见1.6.2),结果如图5.2。从图的形状可以看出,该序列有显著的趋势,为典型的非平稳序列。

STEP 4 差分 图5.2显示,原序列呈现出近似线性趋势,所以选择1阶差分。操作方法见4.2.4 STEP 4,在工作区的【Command】窗口中输入generate Dc=D.Close。这里差分后的变量为Dc,观察Dc的时序图(图5.3),差分后序列呈现出典型的集群效应,初步判定存在异方差。考虑异方差的影响,对差分后序列Dc平稳性的检验,最好使用PP检验。

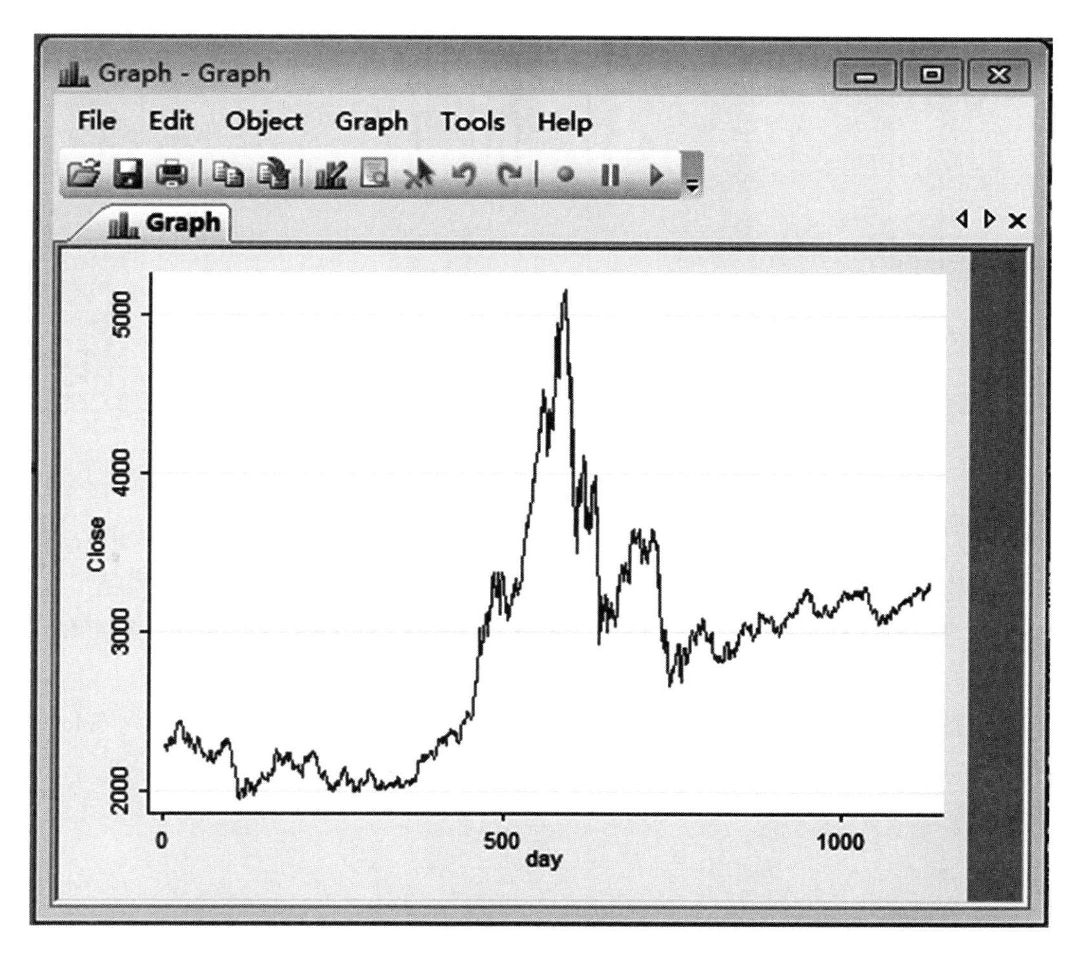

图5.2　时序图

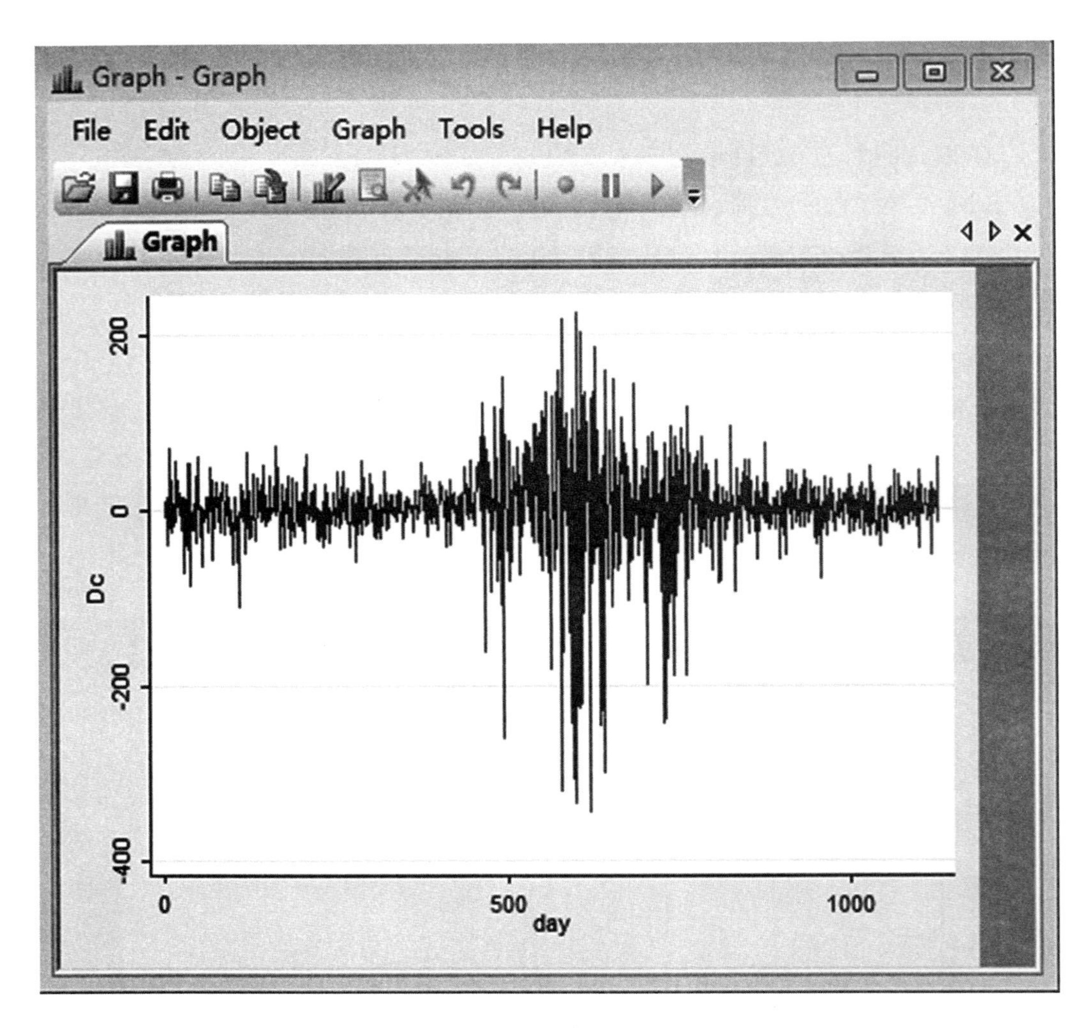

图5.3 时序图

STEP 5 差分平稳判定。

操作方法一：时序 Dc 进行 Unit Root 检验（PP 检验），在菜单栏上点击【Statistics】>【Time series】>【Tests】>【Phllips-Perron unit-root test】，弹出新对话窗口“pperron ”（图 5.4）。

检验类型一：有漂移项自回归结构。在“pperron”窗口的“variable”选“Dc”，在 Lags 中选“Default lags”，点击“OK”，则在工作区的【Results】窗口中显示结果（图 5.5）。

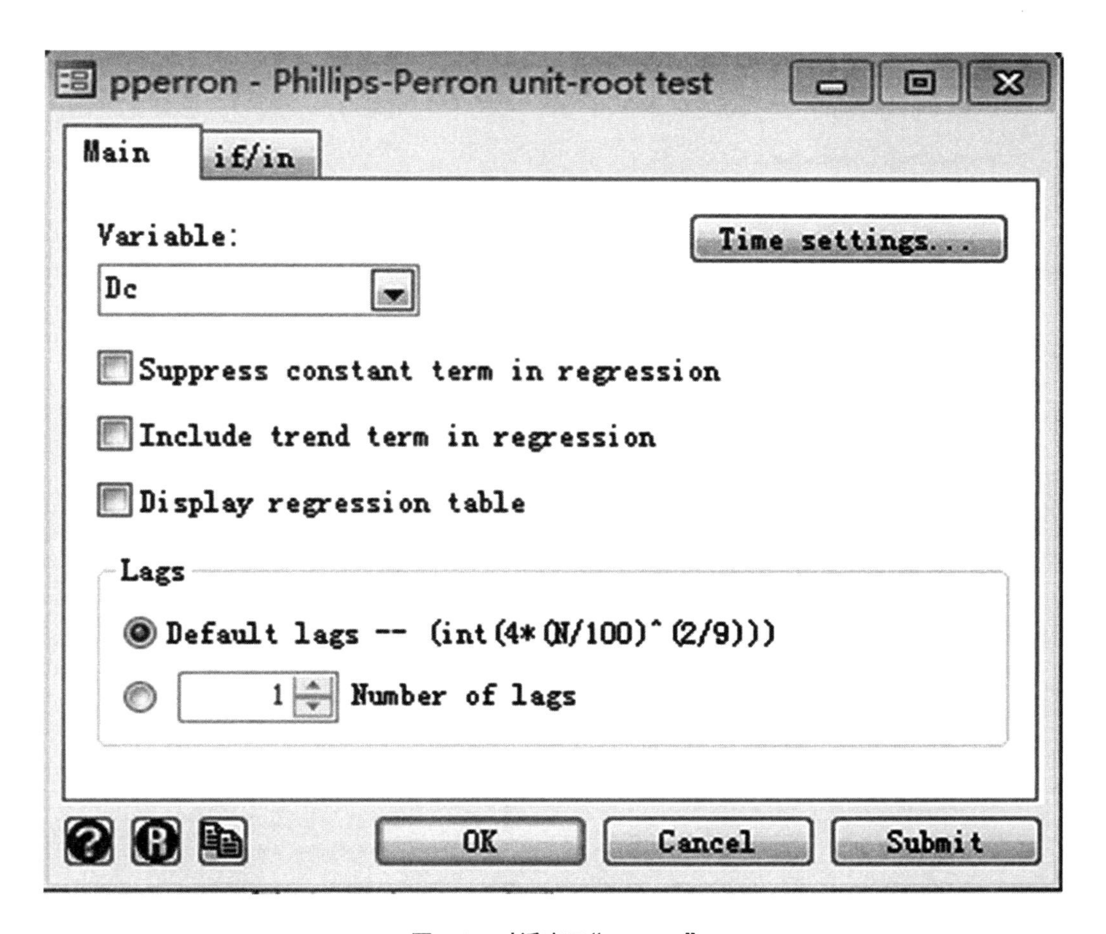

图 5.4　对话窗口“pperron”

```
. pperron Dc

Phillips-Perron test for unit root             Number of obs   =      1127
                                               Newey-West lags =         6

                          ---------- Interpolated Dickey-Fuller ---------
                 Test         1% Critical       5% Critical      10% Critical
              Statistic           Value             Value            Value
------------------------------------------------------------------------------
 Z(rho)       -1023.125          -20.700           -14.100          -11.300
 Z(t)           -30.654           -3.430            -2.860           -2.570
------------------------------------------------------------------------------
MacKinnon approximate p-value for Z(t) = 0.0000
```

图 5.5　工作区的【Results】窗口

检验类型二：无漂移项自回归结构。在“pperron”窗口的“Variable”选“Dc”，选“Suppress constant term in regression”，在 Lags 中选“Default lags”，点击“OK”，则在工

作区的【Results】窗口中显示结果(图5.6)。

```
. pperron Dc, noconstant

Phillips-Perron test for unit root                 Number of obs   =      1127
                                                   Newey-West lags =         6

                               ——————— Interpolated Dickey-Fuller ———————
                  Test         1% Critical       5% Critical      10% Critical
                Statistic          Value             Value             Value
──────────────────────────────────────────────────────────────────────────────
 Z(rho)        -1023.390          -13.800            -8.100            -5.700
 Z(t)            -30.660           -2.580            -1.950            -1.620
```

图5.6 工作区的【Results】窗口

检验类型三:带趋势项的自回归结构。在“pperron”窗口的Variable选“Dc”,选“Include trend term in regression”,在Lags中选“Default lags”,点击“OK”,则在工作区的【Results】窗口中显示结果(图5.7)。

```
. pperron Dc, trend

Phillips-Perron test for unit root                 Number of obs   =      1127
                                                   Newey-West lags =         6

                               ——————— Interpolated Dickey-Fuller ———————
                  Test         1% Critical       5% Critical      10% Critical
                Statistic          Value             Value             Value
──────────────────────────────────────────────────────────────────────────────
 Z(rho)        -1023.119          -29.500           -21.800           -18.300
 Z(t)            -30.640           -3.960            -3.410            -3.120
──────────────────────────────────────────────────────────────────────────────
MacKinnon approximate p-value for Z(t) = 0.0000
```

图5.7 工作区的【Results】窗口

从图5.5、图5.6和图5.7的结果可以看出,三种情况下,其对应的rho值或t值,都远小于对应的1% Critical Value,这意味着拒绝原假设(时序存在着单位根),接受备择假设(时序不存在单位根),也就是说,差分序列Dc为平稳的时间序列。

操作方法二:在工作区的【Command】窗口中,输入pperson命令。

命令1:pperson 变量名。

命令2:pperson 变量名,noconstant。

命令3:pperson 变量名,trend。

STEP 6 白噪声检验。对时序Dc进行白噪声检验(略,步骤见2.3.4)。Q检验统计量检验的结果表明:Dc序列是非白噪声序列。

注意:传统的纯随机性检验都是借助LB检验统计量进行的,而Q检验统计量是在序列满足方差齐性的假定下构造的。当序列存在异方差属性时,Q检验统计量不再近似服从卡方分布。也就是说,在条件异方差存在的场合,白噪声检验结果可能不再准确。通常出现的问题就是残差序列之间的相关系数已经很小,近似白噪声序列,但是白噪声检验结果却显示Q检验统计量的p-value很小。这时不能单纯依据Q检验统计量的结果做出判断,在异方差可能存在的场合,Q检验统计量结果只能作为参考信息之一,同时还要参考自相关系数的大小,如果自相关系数都很小(比如都小于0.2),可以认为序列近似白噪声序列。

计算时序Dc的自相关系数(图5.8)和偏自相关系数(图5.9)。从图5.8和图5.9中可以看出,ACF和PACF的值都小于0.2。虽然Q检验的p-value都极小,方差齐性假定下的判断是该序列为非白噪声序列,但Dc序列可能方差非齐,且延迟各阶的自相关系数都小于0.2。综合考虑,可以认为差分后序列近似为白噪声序列。也就是说,上证指数的均值模型为ARIMA(0,1,0)模型(即随机游走模型):

$$Close_t = Close_{t-1} + \varepsilon_t。$$

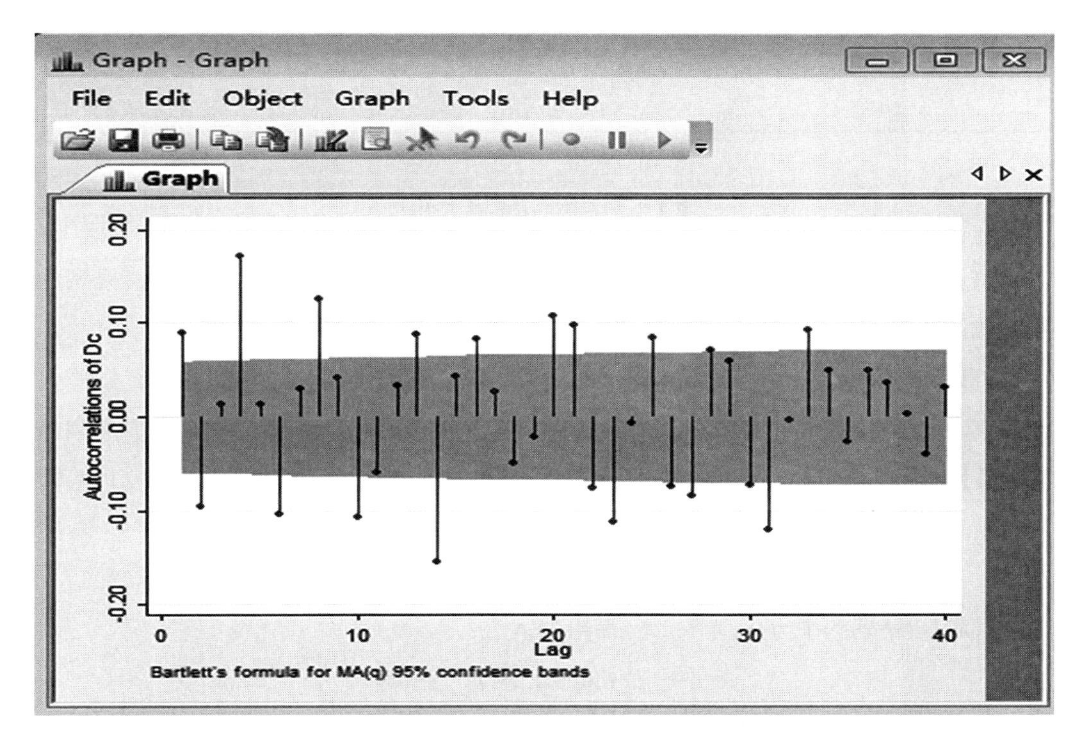

图5.8　自相关系数图ACF

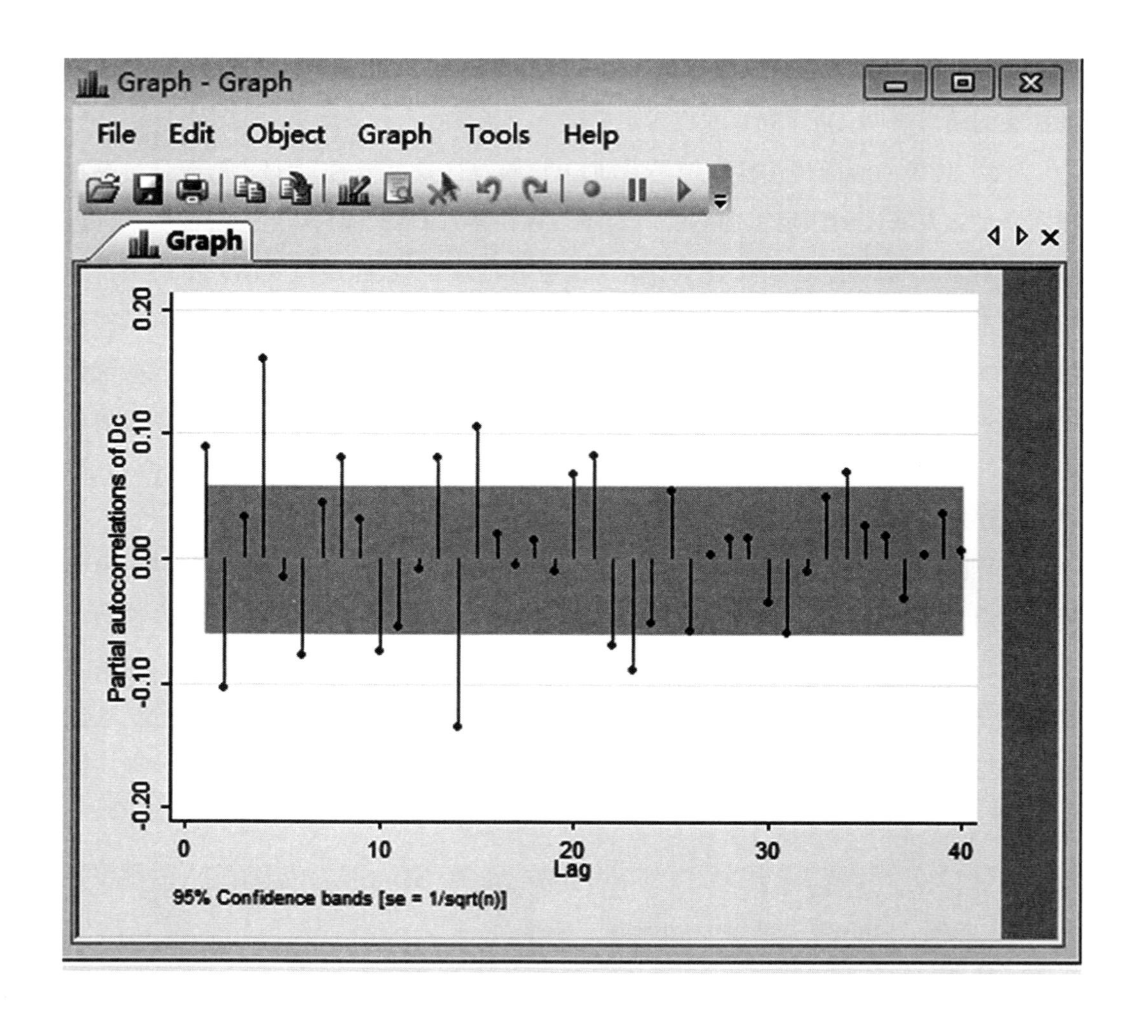

图5.9 偏自相关系数图PACF

由于直接判定为ARIMA(0,1,0)模型(即随机游走模型),因此,对于均值模型的参数估计和参数有效性检验就不必进行,直接进入Dc序列的异方差检验。

STEP 7 异方差检验(Q统计量/LB统计量)。如果Dc序列异方差,且具有集群效应,那么Dc平方序列通常具有自相关性。所以异方差检验可以转化为Dc平方序列的自相关性检验,即检验Dc平方序列是否为白噪声。在工作区的【Command】窗口中,输入

```
generate Dc2=Dc*Dc
```

生成Dc序列的平方序列Dc2,然后再输入

```
wntestq Dc2
```

在工作区的【Results】窗口中得到结果(图5.10)。

```
. generate Dc2=Dc*Dc
(1 missing value generated)

. wntestq Dc2

Portmanteau test for white noise
---------------------------------------------
 Portmanteau (Q) statistic =   2107.2023
 Prob > chi2(40)           =      0.0000
```

图5.10　工作区的【Results】窗口

Q检验40阶延迟都显示该序列显著方差非齐，这说明Dc平方序列中存在长期的相关关系。这种情况下，通常可以用高阶ARCH模型或者低阶GARCH模型提取Dc平方序列中蕴涵的相关关系。

STEP 8 模型定阶、参数估计和参数检验。与ARIMA模型不同，ARCH/GARCH模型的定阶并没有特定的统计量来判定，而是通过经验法则来进行：1）确定高阶ARCH模型，比如ARCH(5)，进行参数估计，如有参数无法通过参数有效性检验，则剔除该参数(类似逐步回归法)，重复此步骤，直到所有参数都显著为止；2）如果此时ARCH模型的阶数大于3，则尝试用低阶的GARCH模型进行参数估计，如有参数无法通过参数有效性检验，则剔除该参数(类似逐步回归法)；3）通常GARCH模型的参数会少于ARCH模型的参数。对于Dc序列，先尝试ARCH(6)，操作步骤：在菜单栏上点击【Statistics】>【Time series】>【ARCH/GARCH】>【ARCH and GARCH models】，跳出新的对话窗口"arch"(图5.11)，选择"Model"框，在"Dependent variable"选择指标变量Dc，选择"Suppress constant term"，在"Main model specification"选择"Specify maximum lags"的"ARCH maximum lag"为"5"，然后点击"OK"。工作区【Results】窗口显示结果(图5.12)。

从图5.12中可以看出，L1.的参数p-value值为0.116，远大于显著性水平0.05，没有通过参数的显著性检验。因此，重新在图5.11中的"Main model specification"选择"Specify maximum lags"为"4"，然后点击"OK"。工作区【Results】窗口显示图5.13。所有参数的p-value值都小于显著性水平0.05。因此Dc序列的方差可以用ARCH(4)来拟合。

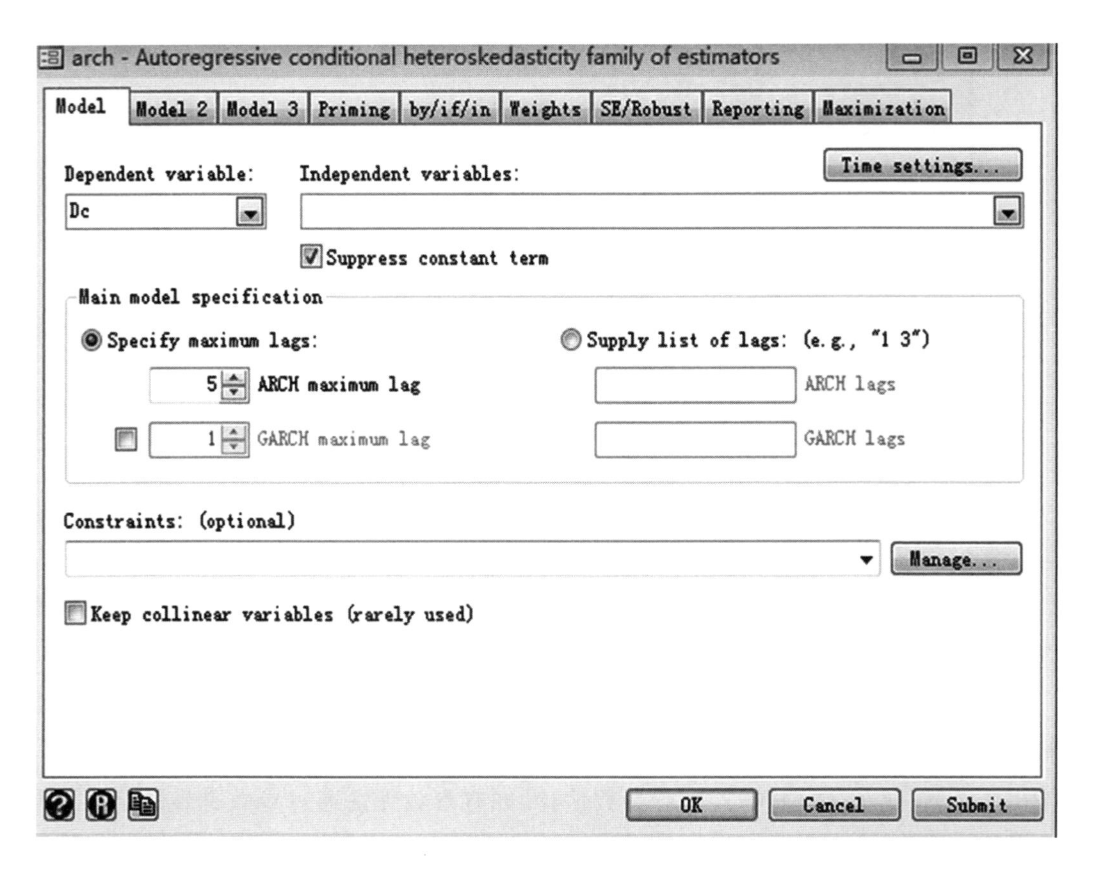

图 5.11　对话窗口“arch”

```
ARCH family regression

Sample: 2 - 1129                                Number of obs     =       1128
Distribution: Gaussian                          Wald chi2(.)      =          .
Log likelihood = -5633.228                      Prob > chi2       =          .
```

Dc	Coef.	OPG Std. Err.	z	P>|z|	[95% Conf.	Interval]
arch						
L1.	.0210382	.0133864	1.57	0.116	-.0051986	.047275
L2.	.4229195	.0272003	15.55	0.000	.3696079	.4762311
L3.	.243163	.020722	11.73	0.000	.2025487	.2837773
L4.	.2091324	.0222479	9.40	0.000	.1655274	.2527375
L5.	.1291934	.02723	4.74	0.000	.0758235	.1825632
_cons	331.5355	21.16771	15.66	0.000	290.0475	373.0234

图 5.12　工作区【Results】窗口

```
ARCH family regression

Sample: 2 - 1129                                Number of obs    =      1128
Distribution: Gaussian                          Wald chi2(.)     =         .
Log likelihood =  -5648.85                      Prob > chi2      =         .
```

Dc	Coef.	OPG Std. Err.	z	P>|z|	[95% Conf.	Interval]
arch						
L1.	.0431189	.0175162	2.46	0.014	.0087877	.0774501
L2.	.4710132	.0310022	15.19	0.000	.4102499	.5317765
L3.	.2686969	.0236853	11.34	0.000	.2222746	.3151192
L4.	.2328284	.0254185	9.16	0.000	.1830089	.2826478
_cons	385.2405	21.98834	17.52	0.000	342.1442	428.3369

图5.13　工作区【Results】窗口

整个模型的表达式为：

$$\begin{cases} Close_t = Close_{t-1} + \varepsilon_t, \\ \varepsilon_t = \sqrt{h_t}\, e_t, e_t \sim N(0,1), \\ h_t = 385.241 + 0.0431\varepsilon_{t-1}^2 + 0.471\varepsilon_{t-2}^2 + 0.269\varepsilon_{t-3}^2 + 0.233\varepsilon_{t-4}^2。 \end{cases}$$

ARCH(4)的阶数偏多，我们可以尝试用GARCH(1,2)、GARCH(2,1)和GARCH(1,1)来拟合，按逐步回归法的思路来确定模型。例如：操作GARCH(2,1)模型，在菜单栏上点击【Statistics】>【Time series】>【ARCH/GARCH】>【ARCH and GARCH models】，跳出新的对话窗口“arch”(图5.14)，选择“Model”框，在“Dependent variable”选择指标变量Dc，选择“Suppress constant term”，在“Main model specification”选择“Specify maximum lags”的”ARCH maximum lag”为“1”，“GARCH maximum lag”为2，然后点击“OK”。工作区【Results】窗口显示结果(图5.15)。

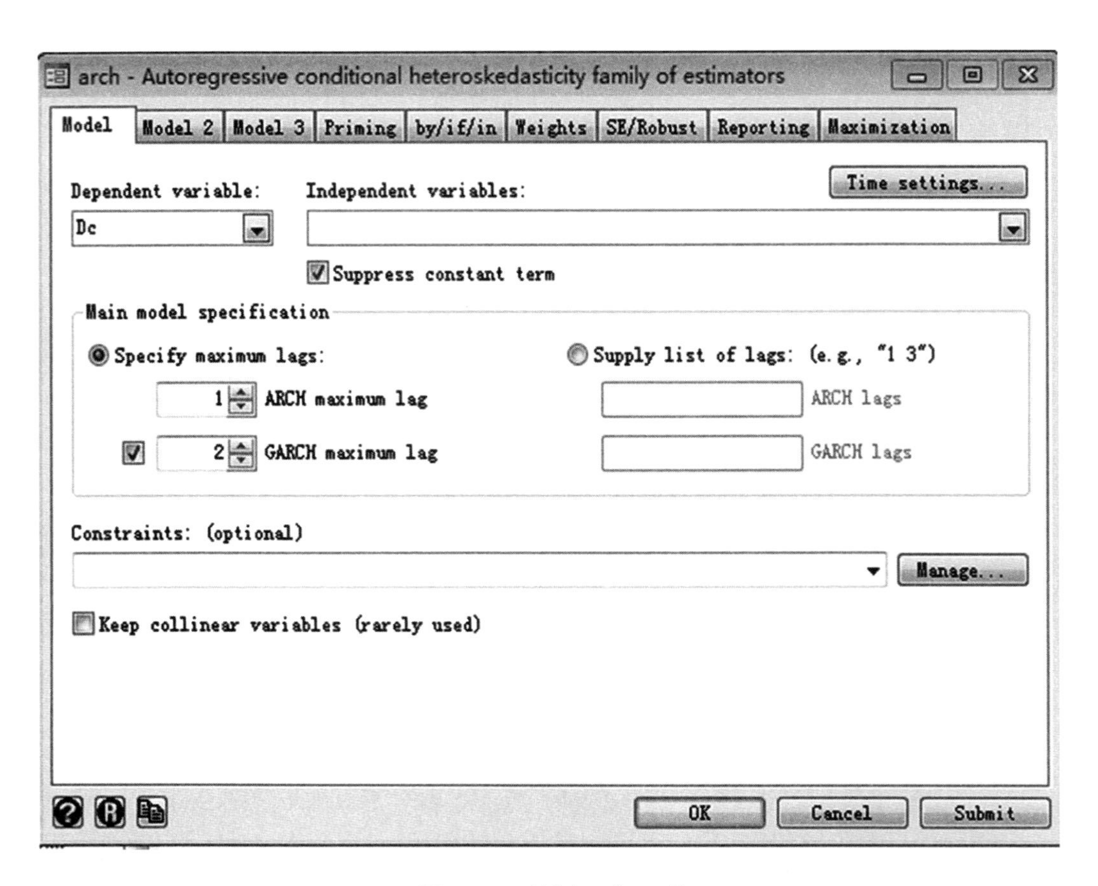

图 5.14 对话窗口“arch”

```
ARCH family regression

Sample: 2 - 1129                            Number of obs   =      1128
Distribution: Gaussian                      Wald chi2(.)    =         .
Log likelihood = -5550.733                  Prob > chi2     =         .
```

Dc	Coef.	OPG Std. Err.	z	P>|z|	[95% Conf.	Interval]
arch						
L1.	.0519455	.0252602	2.06	0.040	.0024365	.1014545
garch						
L1.	1.193594	.3982734	3.00	0.003	.4129923	1.974195
L2.	-.2468326	.3727504	-0.66	0.508	-.9774099	.4837447
_cons	4.096054	2.299278	1.78	0.075	-.4104468	8.602556

图 5.15 工作区【Results】窗口

从图5.15的结果可以看出，部分参数无法通过检验，因此GARCH(2,1)模型不成立，采用GARCH(1,1)模型，在图5.14下，"Main model specification"选择"Specify maximum lags"的"ARCH maximum lag"为"1"，"GARCH maximum lag"为1，然后点击"OK"。工作区【Results】窗口显示结果(图5.16)。

```
ARCH family regression

Sample: 2 - 1129                              Number of obs   =       1128
Distribution: Gaussian                        Wald chi2(.)    =          .
Log likelihood = -5551.233                    Prob > chi2     =          .
```

Dc	Coef.	OPG Std. Err.	z	P>|z|	[95% Conf.	Interval]
arch						
L1.	.0676878	.0065014	10.41	0.000	.0549452	.0804303
garch						
L1.	.9306009	.0051879	179.38	0.000	.9204328	.940769
_cons	5.277246	1.819695	2.90	0.004	1.710709	8.843783

图5.16 工作区【Results】窗口

所有参数的p-value值都小于显著性水平0.05，Dc序列的方差可以用GARCH(1,1)来拟合。整个模型的表达式为：

$$\begin{cases} Close_t = Close_{t-1} + \varepsilon_t, \\ \varepsilon_t = \sqrt{h_t}\, e_t, e_t \sim \mathrm{N}(0,1), \\ h_t = 5.278 + 0.677\varepsilon_{t-1}^2 + 0.931h_{t-1}。 \end{cases}$$

STEP 9 模型优化通过计算AIC/BIC值可知，GARCH(1,1)模型优于ARCH(4)模型(操作见3.4.4 STEP 6)。

STEP 10 模型整体显著性检验(标准化Dc平方序列为白噪声)。1)计算条件异方差ht。在工作区【Command】窗口输入命令：

```
predict ht, variance
```

在工作区【Varables】窗口中得到结果(图5.17)。2)计算标准化Dc平方序列。在工作区【Command】窗口输入命令

```
generate et2=Dc2/ht
```

就得到标准化Dc平方序列et2。3)对序列et2进行白噪声检验(略，步骤见2.3.4)。Q检验(wntestq)和B检验(wntestb)都显示et2为白噪声序列。

Variable	Label
Close	Close
day	
Dc	
Dc2	
ht	Conditional variance, one-step

图5.17 工作区【Varables】窗口

STEP 11 模型整体显著性检验(标准化Dc序列为白噪声)。在工作区【Command】窗口输入“generate ht1=sqrt(ht)”,就得到条件方差ht的标准差序列ht1,再输入“generate et=Dc/ht1”,就得到Dc序列的标准化序列et,对序列et进行白噪声检验(略,步骤见2.3.4)。Q检验(wntestq)和B检验(wntestb)都显示et为白噪声序列。

STEP 12 正态分布检验(针对标准化Dc序列,即et序列)。

方法一:图示法。在工作区【Command】窗口输入命令“histogram et”,回车“Enter”,则得到新窗口(图5.18)。

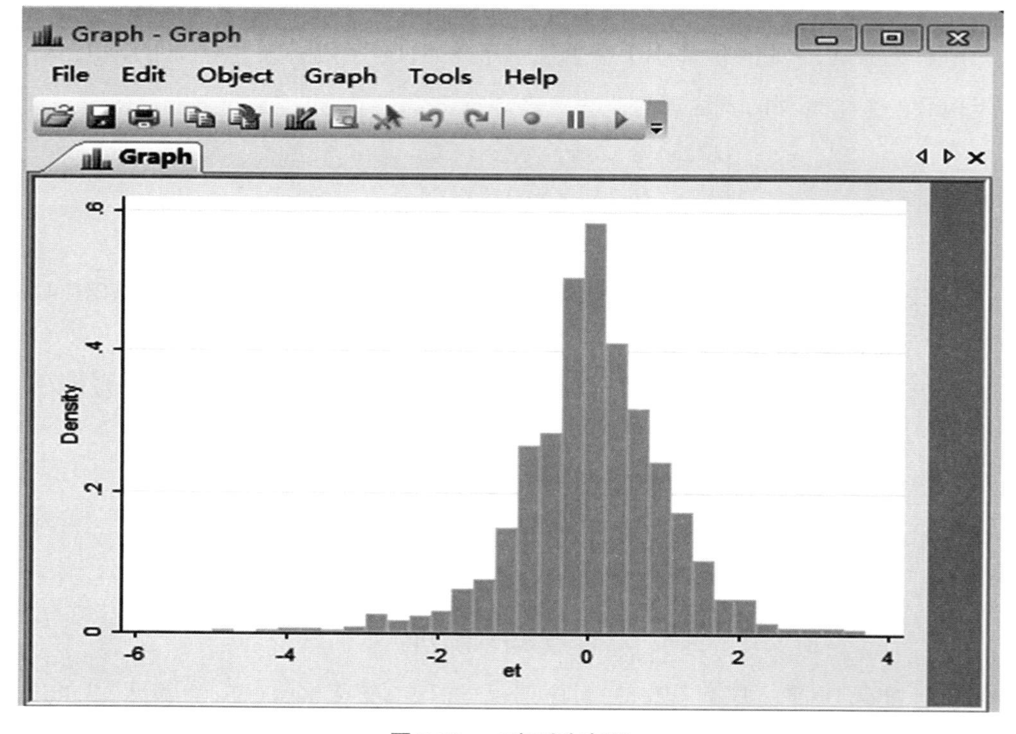

图5.18 et序列分布图

方法二：点击菜单栏【Statistics 】>【Summaries, tables, and tests 】>【Distributional plots and tests】>…，有三个与正态分布有关的检验统计量，分别是 Skewness and kurtosis normality test，Shapiro–Wilk normality test，Shapiro–Francia normality test。例如：选取“Skewness and kurtosis normality test”，弹出 s“ktest”窗口（图 5.19），“Variables”选 et，点击“OK”。

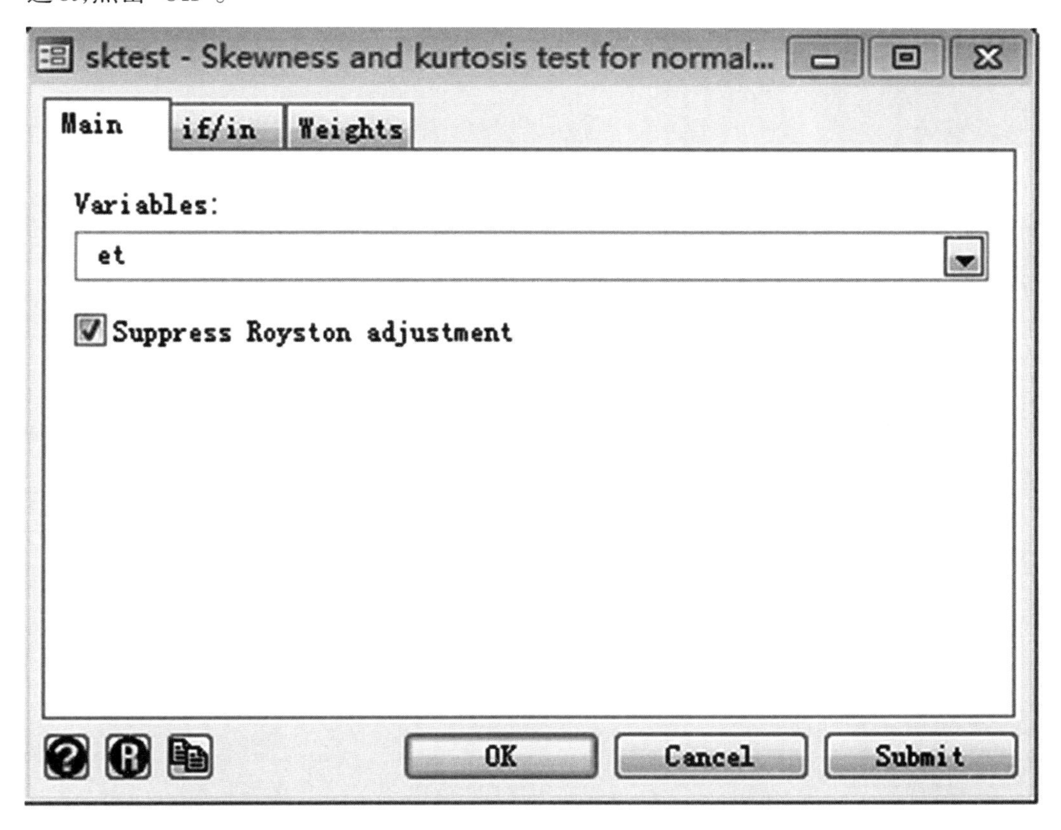

图 5.19　sktest 窗口

在工作区【Result】中得到结果（图 5.20）。因 Prob>chi2 为 0.0000，拒绝原假设（正态分布），接受备择假设（非正态分布）。

```
. sktest et, noadjust

                    Skewness/Kurtosis tests for Normality
                                                         ------ joint ------
    Variable |        Obs  Pr(Skewness)  Pr(Kurtosis)   chi2(2)   Prob>chi2
-------------+--------------------------------------------------------------
          et |    1.1e+03     0.0000        0.0000        92.17      0.0000
```

图 5.20　工作区【Result】窗口

STEP 13 预测。由于均值模型是随机游走模型,均值无法进行预测。首先将时间变量取值延长,其次,预测条件方差(具体步骤同STEP 10的1)计算条件异方差ht。

5.3 ARCH/GARCH模型(二)

5.3.1 实验要求

掌握均值模型为ARIMA系列模型,方差为ARCH/GARCH模型的建模步骤,并进行预测。

5.3.2 实验数据

对美国经济增长率进行模型拟合。数据:美国1947—2012年季度GDP数据,见附录表11。

5.3.3 实验内容

- 形成记录文件。
- 观察时序图。
- 差分平稳性检验。
- 白噪声检验。
- ARIMA模型定阶(依据自相关系数图和偏自相关系数图)。
- ARIMA参数估计和参数有效性检验。
- 残差白噪声检验(模型显著性检验)。
- 异方差检验。
- ARCH模型定阶。
- ARIMA-ARCH模型参数估计和参数有效性检验。
- ARIMA-ARCH模型显著性检验(标准化残差序列为白噪声序列、标准化残差平方序列为白噪声序列)。
- 分布检验。
- 模型预测。

5.3.4　实验步骤

STEP 1 形成记录文件(略,步骤见 1.7.1)。

STEP 2 读取 quarterly.dta,定义时间变量 tsset date(略,步骤见 2.2.4)。

STEP 3 从季度 GDP 数据形成增长率(growth)变量,为了进行比较,使用 gdp2005,即以 2005 年不变价格计算的各季度的 GDP 数据(剔除通货膨胀率的影响)。操作方法:在工作区的【Command】窗口按顺序输入:

```
generate lngdp=ln(gdp2005)
label variable lngdp "Log of gdp2005"
generate growth=D.lngdp
label variable growth "Growth rate of real GDP
```

在工作区的【Variables】窗口显示如下结果(图 5.21)。

Variables

Variable	Label
date	Date
deflator	Implicit price deflator
gdp	GDP
gdp2005	GDP in 2005 dollars
lngdp	Log of gdp2005
growth	Growth rate of real GDP

图 5.21　工作区的【Variables】窗口

STEP 4 绘制 Growth 时序图(操作步骤略,步骤见 1.6.2),结果如图 5.22。从图中可以看出,该序列初步判定为均值平稳,但存在一定的集群效应,可能存在异方差。

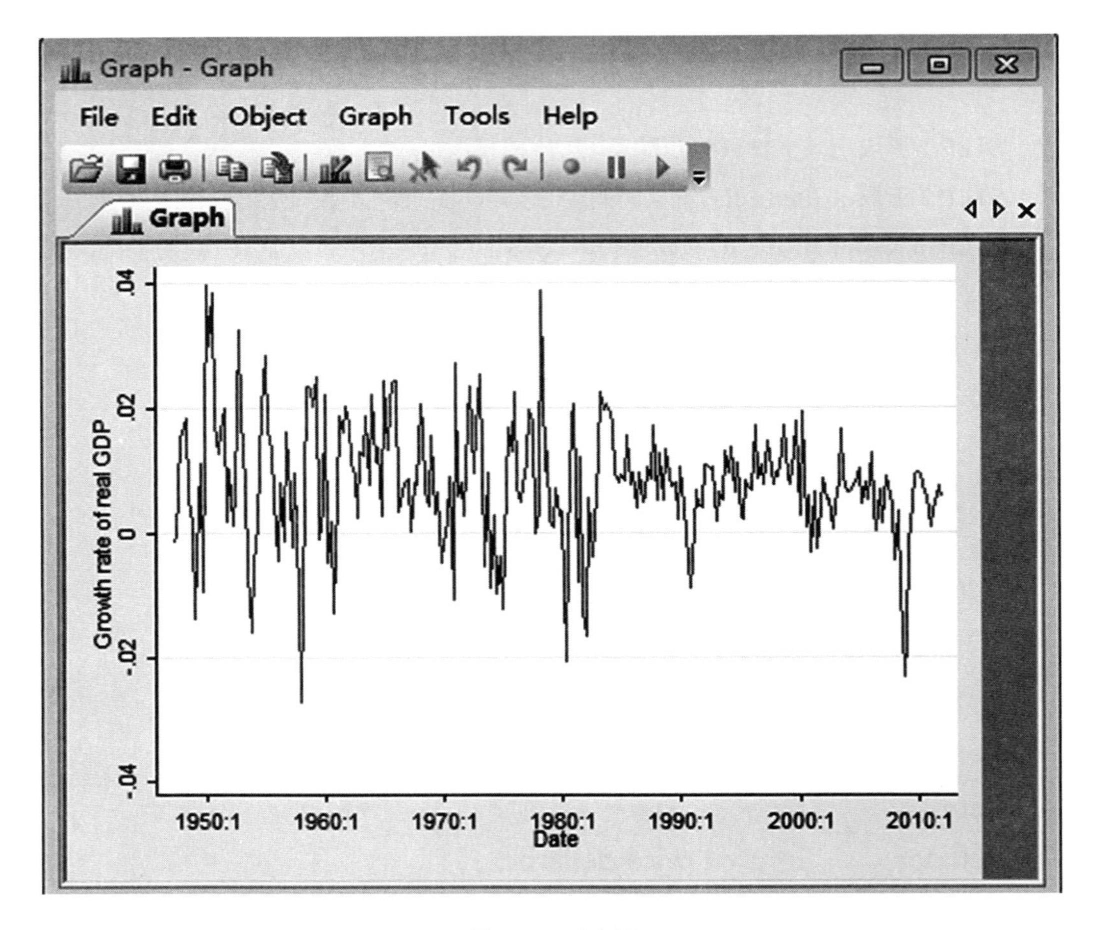

图5.22 时序图

STEP 5 对序列growth进行Unit Root检验(采用PP统计量)(操作步骤略,见5.2.4)。PP检验结果见表5.1。从表中可以判断,序列growth拒绝原假设(存在单位根),接受备择假设(不存在单位根),即序列growth为均值平稳序列。

表5.1 时间序列growth的PP检验结果

类型	延迟阶数	Test Statistic	*p*-value
类型一(不包含漂移项的自回归)	Z(rho)	-99.878(小于1% critical value)	——
	Z(t)	-7.836(小于1% critical value)	
类型二(包含漂移项的自回归)	Z(rho)	-165.518	0.0000
	Z(t)	-10.885	
类型三(包含趋势项的自回归)	Z(rho)	-167.885	0.0000
	Z(t)	-11.047	

STEP 6 模型识别计算序列growth的自相关系数ACF(图5.23)和偏自相关系数PACF(图5.24)。从图5.23和图5.24看,ACF拖尾,PACF截尾,可以用AR(1)模型进行拟合。

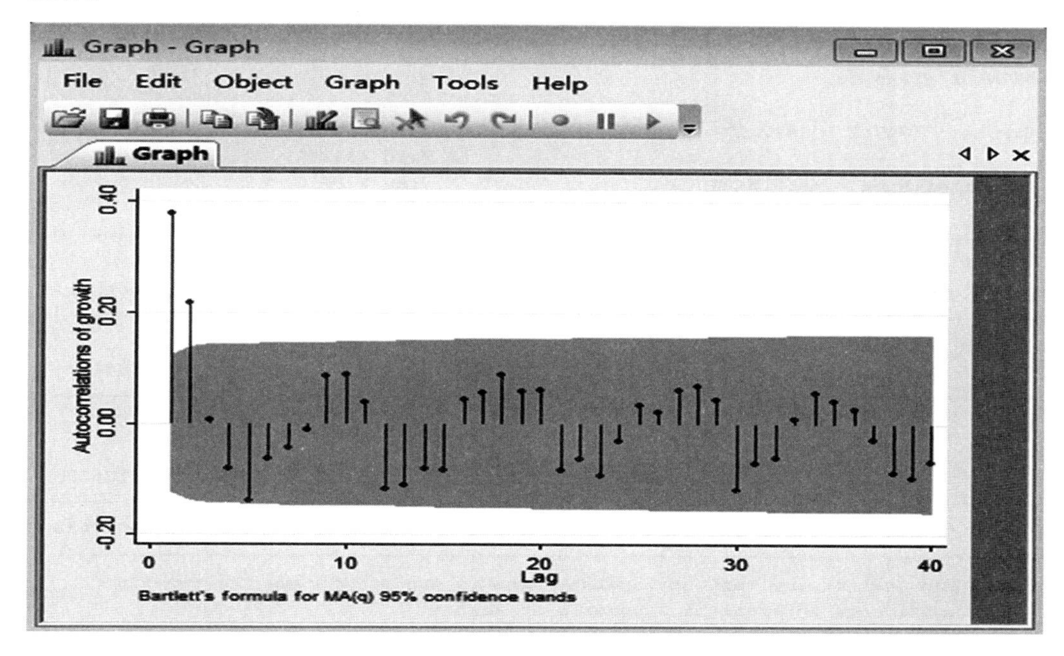

图5.23　自相关系数图ACF

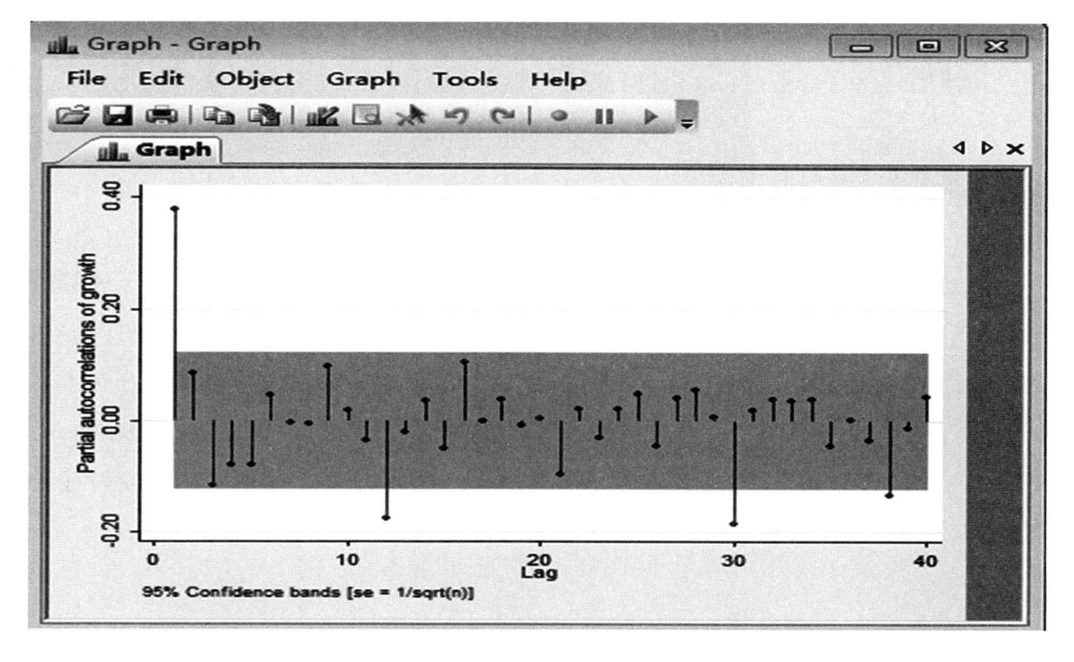

图5.24　偏自相关系数图PACF

STEP 7 模型估计和参数显著性检验（操作步骤略，见3.3.4），结果见图5.25。从中可以看到，所有参数的p-value值都小于0.05，即通过了参数显著性检验。但注意：这个结果是基于同方差假设得到的，因此不是最终的拟合模型。

```
ARIMA regression

Sample:  1947:2 - 2012:1                        Number of obs     =        260
                                                Wald chi2(1)      =      58.51
Log likelihood =  850.5428                      Prob > chi2       =     0.0000

------------------------------------------------------------------------------
             |                 OPG
      growth |      Coef.   Std. Err.      z    P>|z|     [95% Conf. Interval]
-------------+----------------------------------------------------------------
growth       |
       _cons |   .0077877   .0009309     8.37   0.000     .0059632    .0096121
-------------+----------------------------------------------------------------
ARMA         |
          ar |
         L1. |   .3762591   .0491894     7.65   0.000     .2798497    .4726685
-------------+----------------------------------------------------------------
      /sigma |   .0091822   .0002939    31.24   0.000     .0086062    .0097583
------------------------------------------------------------------------------
Note: The test of the variance against zero is one sided, and the two-sided
      confidence interval is truncated at zero.
```

图5.25　工作区【Results】窗口

STEP 8 异方差检验（LM统计量）分两步进行。

1）使用regress命令对growth进行回归，即工作区【Command】窗口输入

regress growth L.growth

如果是AR（2）模型，则输入

regress growth L.growth L2.growth

注意：对于AR（p）模型而言，p的大小就是regress自变量的个数。但对于ARMA（p，q）或MA（q）模型来说，自变量的个数是多少呢？虽然从原理上说，ARMA（p，q）和MA（q）都可以变换成AR（∞），但对于regress命令而言，无法表达∞个自变量。对于平稳时间序列而言，通常是短期相关的。所以，如果遇到均值模型识别为ARMA（p，q）或MA（q）模型，regress自变量的个数通常取3。另外，regress回归的目的是获得残差序列，以便于第二步计算LM统计量，这个过程不要纠结于参数是否显著。

```
. regress growth L.growth

      Source |       SS       df       MS              Number of obs =     259
-------------+------------------------------           F(  1,   257) =   42.59
       Model |  .003620188     1  .003620188           Prob > F      =  0.0000
    Residual |  .021843532   257  .000084994           R-squared     =  0.1422
-------------+------------------------------           Adj R-squared =  0.1388
       Total |   .02546372   258  .000098697           Root MSE      =  .00922

------------------------------------------------------------------------------
      growth |      Coef.   Std. Err.      t    P>|t|     [95% Conf. Interval]
-------------+----------------------------------------------------------------
      growth |
         L1. |   .3764496   .0576814     6.53   0.000     .2628611    .4900381
             |
       _cons |   .0049047   .0007292     6.73   0.000     .0034687    .0063407
------------------------------------------------------------------------------
```

图5.26 工作区【Results】窗口

2）计算LM统计量进行检验，即工作区【Command】窗口输入

estat archlm, lags(p)

其中：lags(p)定义arch中自回归的项数p，隐含是1（图5.27）。从结果可以看出，p取1—4时，其对应的p-value都小于显著性水平0.05，意味着都拒绝原假设（不存在条件异方差），接受备择假设（存在条件异方差）。接下来只能ARCH(1)，ARCH(2)，ARCH(3)，ARCH(4)都尝试一下。

注意：在计算LM统计量之前，必须要有regress回归。

```
. estat archlm, lags( 1 2 3 4)
LM test for autoregressive conditional heteroskedasticity (ARCH)
---------------------------------------------------------------------------
    lags(p)  |          chi2               df                 Prob > chi2
-------------+-------------------------------------------------------------
       1     |          4.789               1                   0.0286
       2     |          9.913               2                   0.0070
       3     |          9.957               3                   0.0189
       4     |         13.541               4                   0.0089
---------------------------------------------------------------------------
         H0: no ARCH effects        vs.  H1: ARCH(p) disturbance
```

图5.27 工作区【Results】窗口

STEP 9 参数估计及参数显著性检验。在菜单栏上点击【Statistics】>【Time series】>【ARCH/GARCH】>【ARCH and GARCH models】，跳出新的对话窗口“arch”，选择“Model”框，在“Dependent variable”选择指标变量growth，在“Main model specification”选择“Specify maximum lags”的”ARCH maximum lag”为“4”（图 5.28），再选择“Model 2”框，“ARIMA model specification”的“ARIMA(p,d,q) specification”选择“Autoregressive order(p)”为“1”(图 5.29)，然后点击“OK”。在工作区【Results】窗口得到结果(图 5.30)。

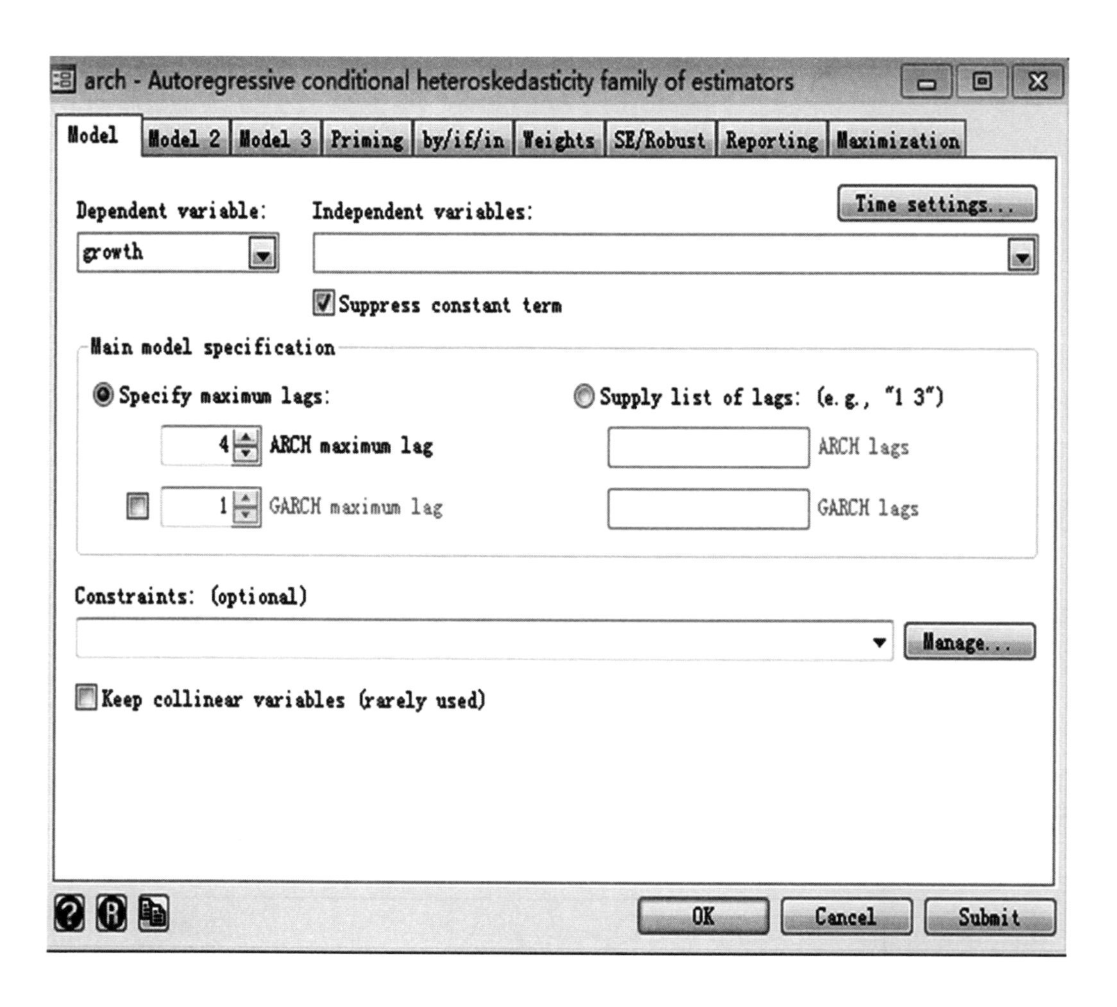

图 5.28　对话窗口“arch”

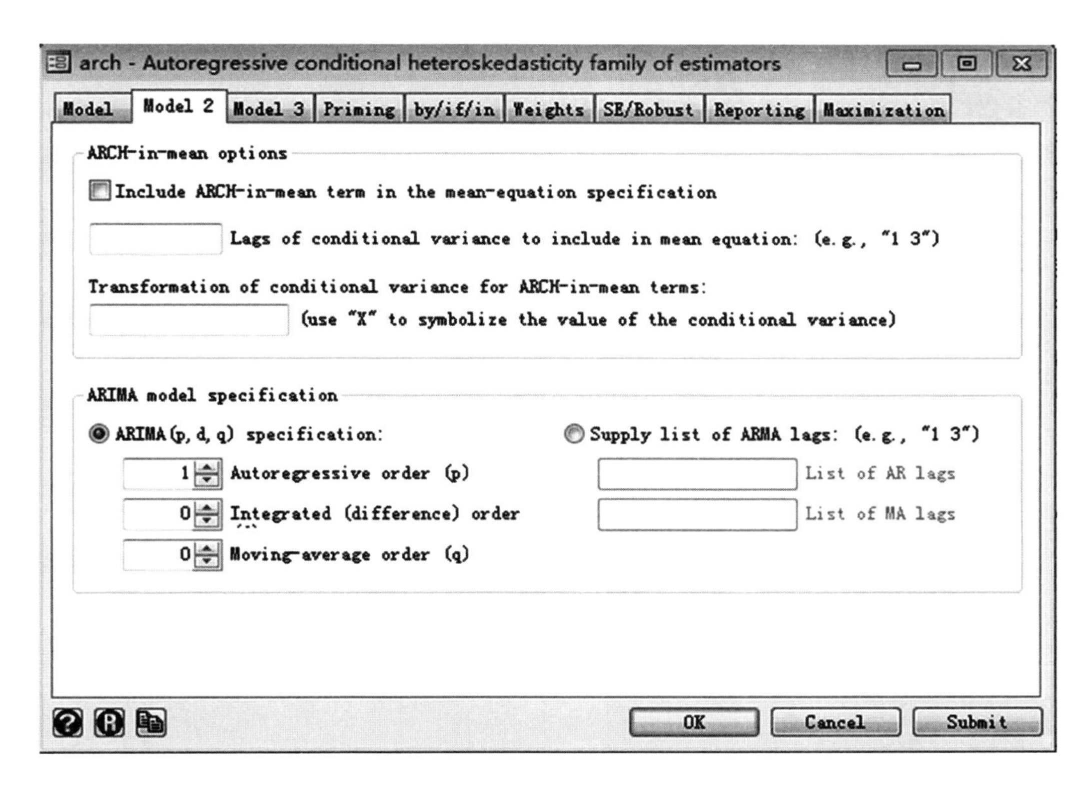

图5.29　对话窗口"arch"

ARCH family regression -- AR disturbances

Sample: 1947:2 - 2012:1　　　　Number of obs = 260
Distribution: Gaussian　　　　Wald chi2(1) = 43.80
Log likelihood = 872.5785　　　　Prob > chi2 = 0.0000

growth	Coef.	OPG Std. Err.	z	P>|z|	[95% Conf.	Interval]
growth						
_cons	.0087204	.0008052	10.83	0.000	.0071422	.0102987
ARMA						
ar						
L1.	.406087	.061361	6.62	0.000	.2858217	.5263524
ARCH						
arch						
L1.	.2177114	.0649464	3.35	0.001	.0904188	.345004
L2.	.3185958	.1204991	2.64	0.008	.0824218	.5547697
L3.	.0616884	.0571671	1.08	0.281	-.0503571	.173734
L4.	.3133794	.1153293	2.72	0.007	.087338	.5394207
_cons	.00002	5.48e-06	3.65	0.000	9.27e-06	.0000307

图5.30　工作区【Results】窗口

从图5.30中可以看到,arch部分L3的p-value值为0.281,大于显著性水平0.05,说明参数检验不显著,ARCH(4)不成立,接下来的做法,类似逐步回归法,直至所有的参数都显著为止。结果是ARCH(3)的结果也有参数不显著,而ARCH(2)的所有参数都显著(图5.31)。

```
ARCH family regression -- AR disturbances

Sample: 1947:2 - 2012:1                         Number of obs    =       260
Distribution: Gaussian                          Wald chi2(1)     =     38.91
Log likelihood =  866.4794                      Prob > chi2      =    0.0000
```

growth	Coef.	OPG Std. Err.	z	P>|z|	[95% Conf.	Interval]
growth						
_cons	.0086687	.0008492	10.21	0.000	.0070042	.0103332
ARMA						
ar						
L1.	.4383648	.0702734	6.24	0.000	.3006316	.5760981
ARCH						
arch						
L1.	.330808	.083904	3.94	0.000	.1663592	.4952569
L2.	.3870111	.1109962	3.49	0.000	.1694626	.6045595
_cons	.0000344	5.33e-06	6.46	0.000	.000024	.0000449

图5.31 工作区【Results】窗口

整个模型的表达式为:

$$\begin{cases} growth_t = 0.0097 + 0.4384growth_{t-1} + \varepsilon_t, \\ \varepsilon_t = \sqrt{h_t}\, e_t, e_t \sim \mathrm{N}(0,1), \\ h_t = 0.0000344 + 0.3308\varepsilon_{t-1}^2 + 0.3870\varepsilon_{t-2}^2 。\end{cases}$$

异方差的检验只能大体上确定ARCH的延迟阶数,无法确定GARCH的延迟阶数。在实践中,通常当ARCH(p)的p>2的时候,我们采用GARCH(p q)模型。

STEP 10 模型整体显著性检验(标准化残差平方序列为白噪声)。

1)计算条件异方差ht。在工作区【Command】窗口输入命令

```
predict ht, variance
```

2)计算标准化残差平方序列。在工作区【Command】窗口输入命令

```
predict ehat, residual
```

得到残差序列ehat,然后再输入

generate et2=ehat^2/ht

这样就得到标准化残差平方序列et2。

3）对序列et2进行白噪声检验（略，步骤见2.3.4）。Q检验（wntestq）和B检验（wntestb）都显示et2为非白噪声序列，说明残差平方序列还有自相关信息，ARCH(2)的拟合无法通过检验。此时，尝试使用GARCH(1 1)来拟合。重复STEP 9的操作，得到图5.32的结果。

整个模型的表达式为：

$$\begin{cases} growth_t = 0.0818 + 0.4185growth_{t-1} + \varepsilon_t, \\ \varepsilon_t = \sqrt{h_t}\,e_t, e_t \sim \mathrm{N}(0,1), \\ h_t = 3.21*10^{-6} + 0.2410\varepsilon_{t-1}^2 + 0.7487h_{t-1}。\end{cases}$$

重复SETP 10的操作，Q检验（wntestq）和B检验（wntestb）都显示et2为白噪声序列，说明标准化残差平方序列为白噪声。

```
ARCH family regression -- AR disturbances

Sample: 1947:2 - 2012:1                         Number of obs      =       260
Distribution: Gaussian                          Wald chi2(1)       =     34.50
Log likelihood =  870.2122                      Prob > chi2        =    0.0000
```

growth	Coef.	OPG Std. Err.	z	P>|z|	[95% Conf. Interval]	
growth						
_cons	.0081853	.0008412	9.73	0.000	.0065367	.0098339
ARMA						
ar						
L1.	.4185436	.0712572	5.87	0.000	.278882	.5582052
ARCH						
arch						
L1.	.2410334	.054142	4.45	0.000	.134917	.3471497
garch						
L1.	.7487281	.0427147	17.53	0.000	.6650088	.8324475
_cons	3.21e-06	2.09e-06	1.54	0.125	-8.87e-07	7.31e-06

图5.32　工作区【Results】窗口

STEP 11 模型整体显著性检验（标准化残差序列为白噪声）。在工作区【Command】窗口输入

generate ht1=sqrt(ht)

得到条件方差ht的标准差序列ht1,再输入命令

generate et=ehat/ht1

这样就得到残差序列的标准化序列et,对序列et进行白噪声检验(略,步骤见2.3.4)。Q检验(wntestq)和B检验(wntestb)都显示et为白噪声序列。说明标准化参差序列为白噪声。

STEP 12 正态分布检验(针对标准化残差序列,即et序列)(略,步骤见5.2.4 STEP 11)。

SETP 13 首先将时间变量取值延长,预测均值及预测条件方差(具体步骤同STEP 10的1)计算条件异方差ht)。

第六章

多元时间序列模型

6.1 基础知识

许多序列的变化规律都会受到其他序列的影响。比如分析居民消费支出序列时，消费会受到收入的显著影响，如果将收入也纳入研究范围，就会得到更精确的预测。这就牵涉到多元时间序列分析，多元序列分析的模型很多，这里介绍应用比较广泛的协整模型。

6.1.1 单整和协整

单整(Integration)要表达的是同一变量的关系。如果 y_t 是平稳的，即不存在着单位根，我们称之为0阶单整，记作I(0)。如果 y_t 一阶差分后是平稳的，则存在着一阶的单位根，我们称之为1阶单整，记作I(1)，依此类推。

协整模型反映的是不同变量之间长期的关系，它给出了两个或两个以上非平稳变量之间的平稳的线性关系，换而言之，就是两个或两个以上不平稳变量所建立的线性方程，其残差项是平稳的。

$$y_t = \alpha + \beta x_t + \varepsilon_t$$

如果 y_t, x_t 都是平稳的时间序列，那么我们可以用传统的回归模型来拟合。

如果 y_t, 是非平稳的时间序列，那么 x_t, ε_t 至少有一个是非平稳的时间序列。

$$\varepsilon_t = y_t - \alpha - \beta x_t$$

如果 ε_t 是平稳的，则 $y_t - \alpha - \beta x_t$ 也是平稳的，此时，我们把 $y_t - \alpha - \beta x_t$ 称为 x_t 和 y_t 之间的协整关系(Cointegrating Relationship)。

通常，具有同阶单整的两个变量，才能建立协整关系。

6.1.2 误差修正模型

协整模型反映的是不同变量之间的长期关系，短期关系用误差修正模型ECM (Error Correction Model)来描绘，即

$$y_t = \alpha + \beta x_t + \varepsilon_t。$$

两边同时减去 y_{t-1}，得到

$$y_t - y_{t-1} = \alpha + \beta x_t + \varepsilon_t - y_{t-1} = \beta x_t + \varepsilon_t - \left(y_{t-1} - \alpha - \beta x_{t-1}\right) - \beta x_{t-1} = \beta(x_t - x_{t-1}) - \left(y_{t-1} - \alpha - \beta x_{t-1}\right) + \varepsilon_t。$$

整理得：

$$\nabla y_t = \beta \nabla x_t - ECM_{t-1} + \varepsilon_t。$$

其中

$$ECM_{t-1} = y_{t-1} - \alpha - \beta x_{t-1}$$

代表前期误差(Error)。∇y_t, ∇x_t代表短期波动。也就是说，短期内 y_t的波动，不仅受到 x_t短期波动的影响，还受到y_{t-1}偏离其长期值$\alpha + \beta x_{t-1}$程度的影响，也就是前期y_{t-1}的影响。

6.2 协整模型

6.2.1 实验要求

掌握协整模型的建模步骤，并进行预测。

6.2.2 实验数据

数据：1978—2002 年中国农村居民家庭人均纯收入对数序列$\{\ln x_t\}$ 和生活消费支出对数序列$\{\ln y_t\}$，见附录表 12。

6.2.3 实验内容

- 形成记录文件。
- 观察时序图。
- 最小二乘法构造回归模型。
- 残差序列进行单位根检验。
- 残差序列进行白噪声检验。

- 拟合协整动态回归模型。
- 参数有效性检验。
- 模型显著性检验。

6.2.4 实验步骤

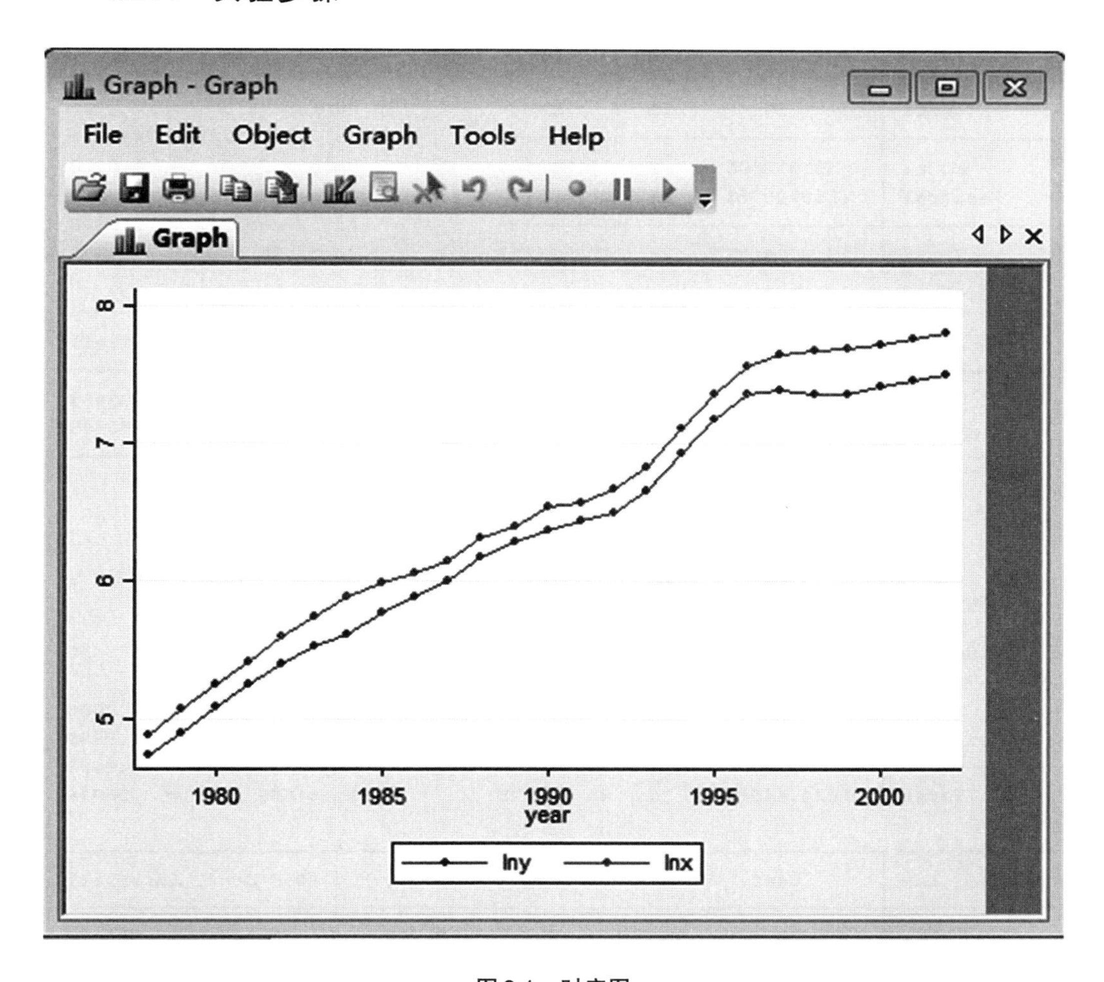

图6.1 时序图

STEP 1 形成记录文件(略,步骤见1.7.1)。

STEP 2 导入Excel数据,形成Stata格式数据,定义时间变量(略,步骤见2.2.4)

STEP 3 绘制$\ln x_t$和$\ln y_t$时序图(略,步骤见1.6.2)结果如图6.1。$\ln x_t$和$\ln y_t$都具有显著的线性递增趋势,所以都是非平稳序列,并且可以认为是同阶单整序列。

STEP 4 建立$\ln y_t$和$\ln x_t$之间的回归模型。在工作区的【Command】窗口中输入

```
regress lny lnx
```

在工作区的【Results】窗口中显示结果(图6.2)。因常数项的p-value为0.326,无法通过参数的有效性检验,因此,再在【Command】窗口中输入

regress lny lnx, noconstant

在工作区的【Results】窗口中显示结果(图6.3)。t检验和F检验都通过。

```
. regress lny lnx

      Source |       SS           df       MS      Number of obs   =        25
-------------+----------------------------------   F(1, 23)        =   7440.15
       Model |  19.313905         1   19.313905   Prob > F        =    0.0000
    Residual |  .059705763        23  .002595903   R-squared       =    0.9969
-------------+----------------------------------   Adj R-squared   =    0.9968
       Total |  19.3736107        24  .807233781   Root MSE        =    .05095

------------------------------------------------------------------------------
         lny |      Coef.   Std. Err.      t    P>|t|     [95% Conf. Interval]
-------------+----------------------------------------------------------------
         lnx |   .9572899   .0110982    86.26   0.000     .9343315    .9802483
       _cons |   .0736046   .0733663     1.00   0.326    -.0781652    .2253743
------------------------------------------------------------------------------
```

图6.2 工作区【Results】窗口

```
. regress lny lnx, noconstant

      Source |       SS           df       MS      Number of obs   =        25
-------------+----------------------------------   F(1, 24)        =         .
       Model |  1024.38331        1  1024.38331   Prob > F        =    0.0000
    Residual |  .062318554       24  .002596606   R-squared       =    0.9999
-------------+----------------------------------   Adj R-squared   =    0.9999
       Total |  1024.44562       25   40.977825   Root MSE        =    .05096

------------------------------------------------------------------------------
         lny |      Coef.   Std. Err.      t    P>|t|     [95% Conf. Interval]
-------------+----------------------------------------------------------------
         lnx |   .9683162   .0015417   628.10   0.000     .9651344     .971498
------------------------------------------------------------------------------
```

图6.3 工作区【Results】窗口

对应的回归模型为:

$$\ln y_t = 0.9683 \ln x_t + ehat_t。 \tag{6.1}$$

STEP 5 计算回归残差并检验残差序列的平稳性。在工作区的【Command】窗口中输入

predict ehat, residual

得到残差序列$\{ehat_t\}$。

STEP 6 残差平稳性检验。对残差序列$\{ehat_t\}$进行Unit Root检验(略,步骤见2.2.4),ADF检验结果见表6.1。检验结果显示,类型二延迟2阶,可以有96%(即1-0.0403)的把握断定残差序列平稳,也就是说,我们有96%的把握认为中国农村居民家庭人均纯收入对数序列和生活消费支出对数序列之间存在协整关系。

表6.1　时间序列ehat的ADF检验结果

类型	延迟阶数	Test Statistic	p-value
类型一(不包含漂移项的自回归)	0	-1.333(大于10% critical value)	——
	1	-1.693(大于5%小于10%critical value)	——
	2	-1.928(大于5%小于10%critical value)	——
类型二(包含漂移项的自回归)	0	-1.278	0.1073
	1	-1.644	0.0579
	2	-1.851	0.0403
类型三(包含趋势项的自回归)	0	-1.346	0.8762
	1	-1.722	0.7411
	2	-1.855	0.6776

STEP 7 残差白噪声检验。对残差序列$\{ehat_t\}$进行白噪声检验(略,步骤见2.3.4)。检验的结果表明:$\{ehat_t\}$序列是非白噪声序列。

小结:从STEP 6和STEP 7的结果显示残差序列$\{ehat_t\}$为平稳的非白噪声序列,一方面说明$\ln y_t$和$\ln x_t$之间是协整关系,另一方面,还需要进一步提取残差序列$\{ehat_t\}$中的相关信息,这样才能最终得到协整动态回归模型。

STEP 8 $\{ehat_t\}$序列模型定阶。计算时序ehat的自相关系数(图6.4)和偏自相关系数(图6.5)(略,步骤见3.2.4)。从图中可以看出,自相关系数显示拖尾特征,偏自相关系数显示1阶截尾特征,所以用AR(1)模型拟合ehat序列。

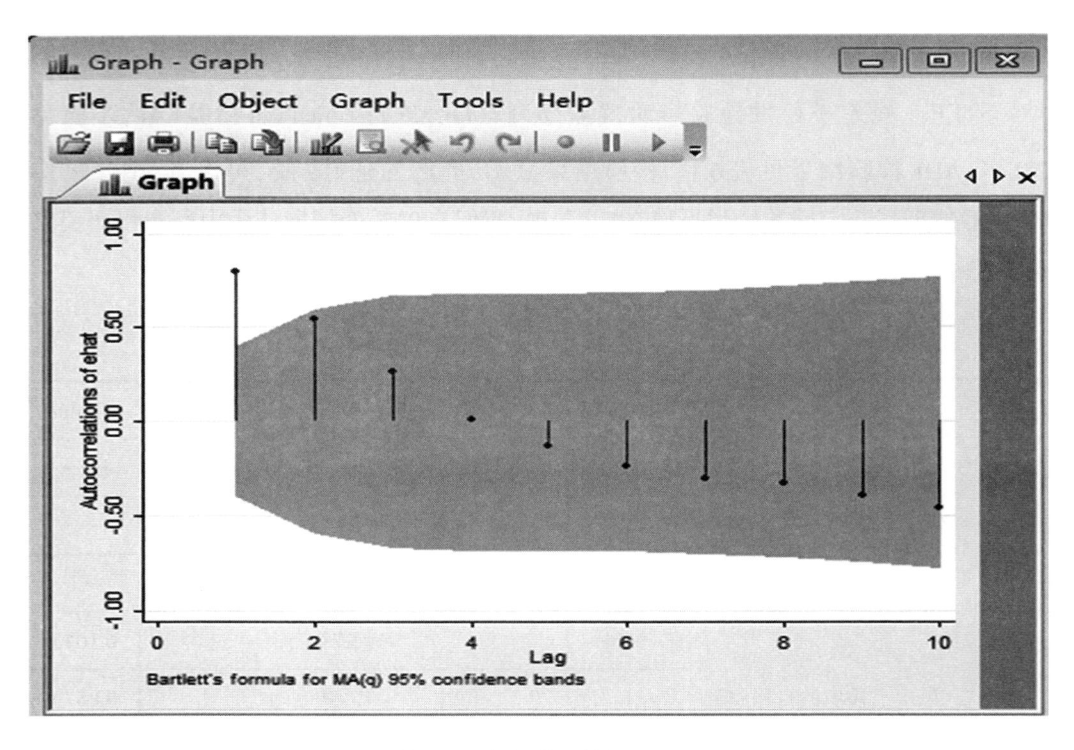

图6.4 自相关系数图ACF

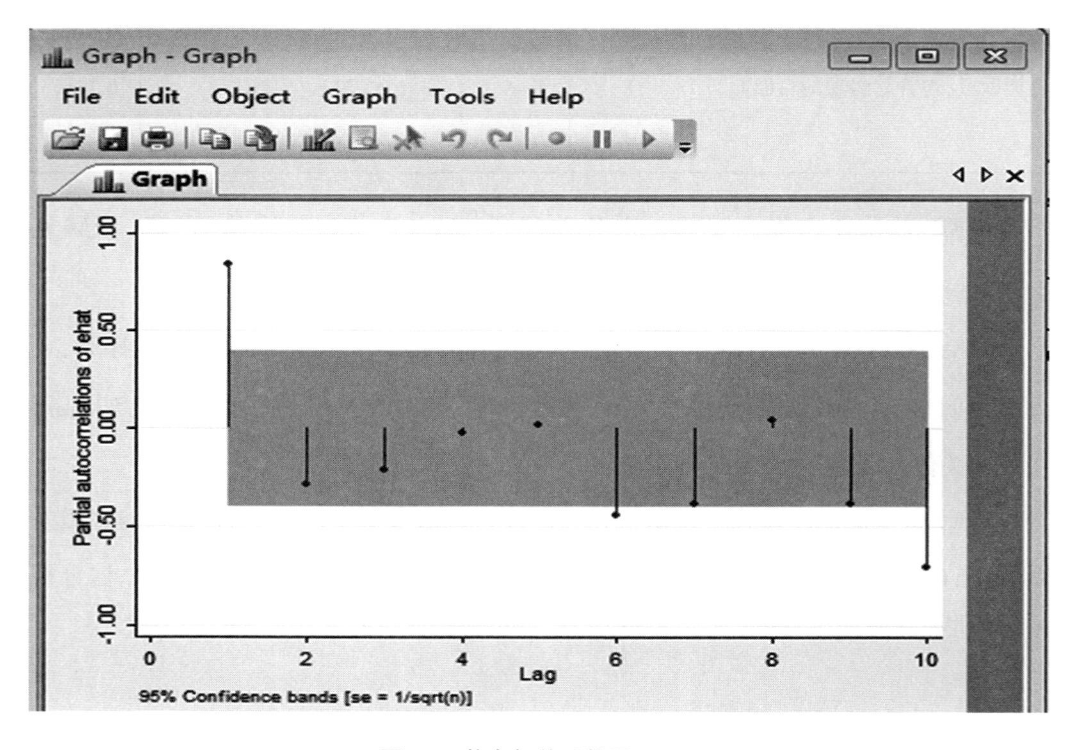

图6.5 偏自相关系数图PACF

STEP 9 $\{ehat_t\}$序列模型参数估计和参数有效性检验。在菜单栏上点击【Statistics】>【Time series】>【ARIMA and ARIMAX models】，跳出新的对话窗口"arima"（图6.6），选择"Model"框，在"Dependent variable"选择指标变量ehat，选择"Suppress constant term"，在"ARIMA（p，d，q）model specification"选择"Autoregressive order(p)"为"1"，然后点击"OK"。工作区【Results】窗口显示结果(图6.7)。从图6.7可以看出，所有的参数p-value值都小于显著性水平0.05，通过了参数的显著性检验。

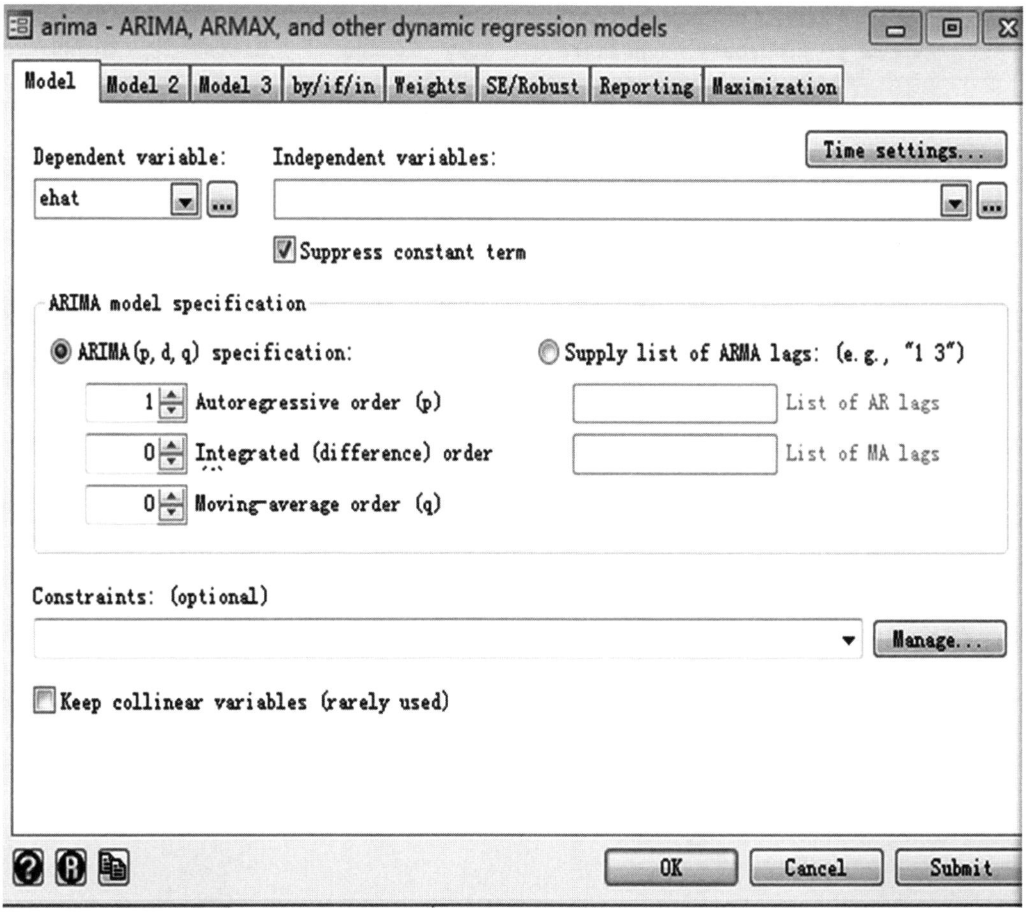

图6.6　对话窗口"arima"

```
ARIMA regression

Sample:  1978 - 2002                            Number of obs      =        25
                                                Wald chi2(1)       =     42.33
Log likelihood =  52.86063                      Prob > chi2        =    0.0000
```

ehat	Coef.	OPG Std. Err.	z	P>|z|	[95% Conf.	Interval]
ARMA						
ar						
L1.	.8084929	.1242705	6.51	0.000	.5649272	1.052059
/sigma	.0285937	.0061226	4.67	0.000	.0165936	.0405938

```
Note: The test of the variance against zero is one sided, and the two-sided
      confidence interval is truncated at zero.
```

图6.7　工作区【Results】窗口

模型的形式为：

$$ehat_t = \frac{\alpha_t}{1 - 0.8085B}, \tag{6.2}$$

$$var\left(\alpha_t\right) = 0.0286^2。 \tag{6.3}$$

STEP 10 α_t的白噪声检验。在工作区的【Command】窗口中输入

predict alpha，residual

得到ehat序列的残差序列alpha，然后对alpha进行白噪声检验(略，步骤见2.3.4)。检验的结果表明：alpha序列是白噪声序列。

结合式(6.1)、式(6.2)和式(6.3)，得到协整动态回归模型为：

$$\ln y_t = 0.9683 \ln x_t + \frac{\alpha_t}{1 - 0.8085B},$$

$$var\left(\alpha_t\right) = 0.0286^2。$$

6.3 误差修正模型

6.3.1 实验要求

掌握误差修正模型的建模步骤。

6.3.2　实验数据

数据：1978—2002年中国农村居民家庭人均纯收入对数序列$\{\ln x_t\}$和生活消费支出对数序列$\{\ln y_t\}$，见附录表12。

6.3.3　实验内容

- 形成记录文件。
- 搜寻ECM相关的操作命令。
- 下载命令。
- 操作命令。
- 解读结果。

6.3.4　实验步骤

接上述6.2.4的步骤。

STEP 11 搜寻ECM相关的操作命令。由于Stata中没有自带的ECM命令，处理的方法有两种。其一，自己利用Stata进行编程，这对于初学者而言，难度太高；其二，到网上搜寻其他学者共享的ECM命令，操作方法如下：在菜单栏点击【Help】>【Search】，弹出新的对话框“Keyword Search”（图6.8）。选择“Search all”。在“Keywords”中输入关键词“ECM”，点击“OK”，就会弹出新窗口“Viewer”（图6.9），给出搜寻结果。

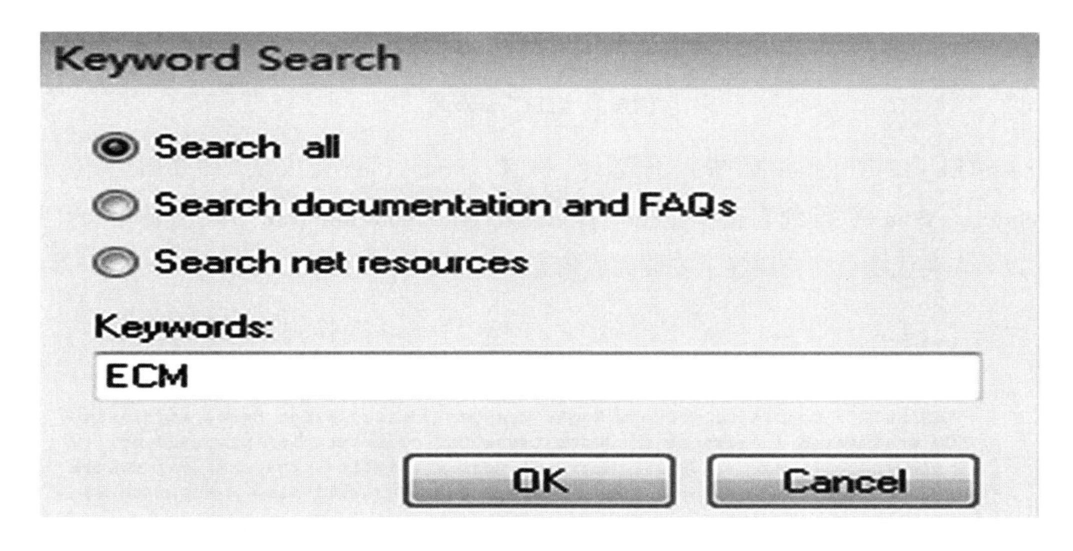

图6.8　对话框“Keyword Search”

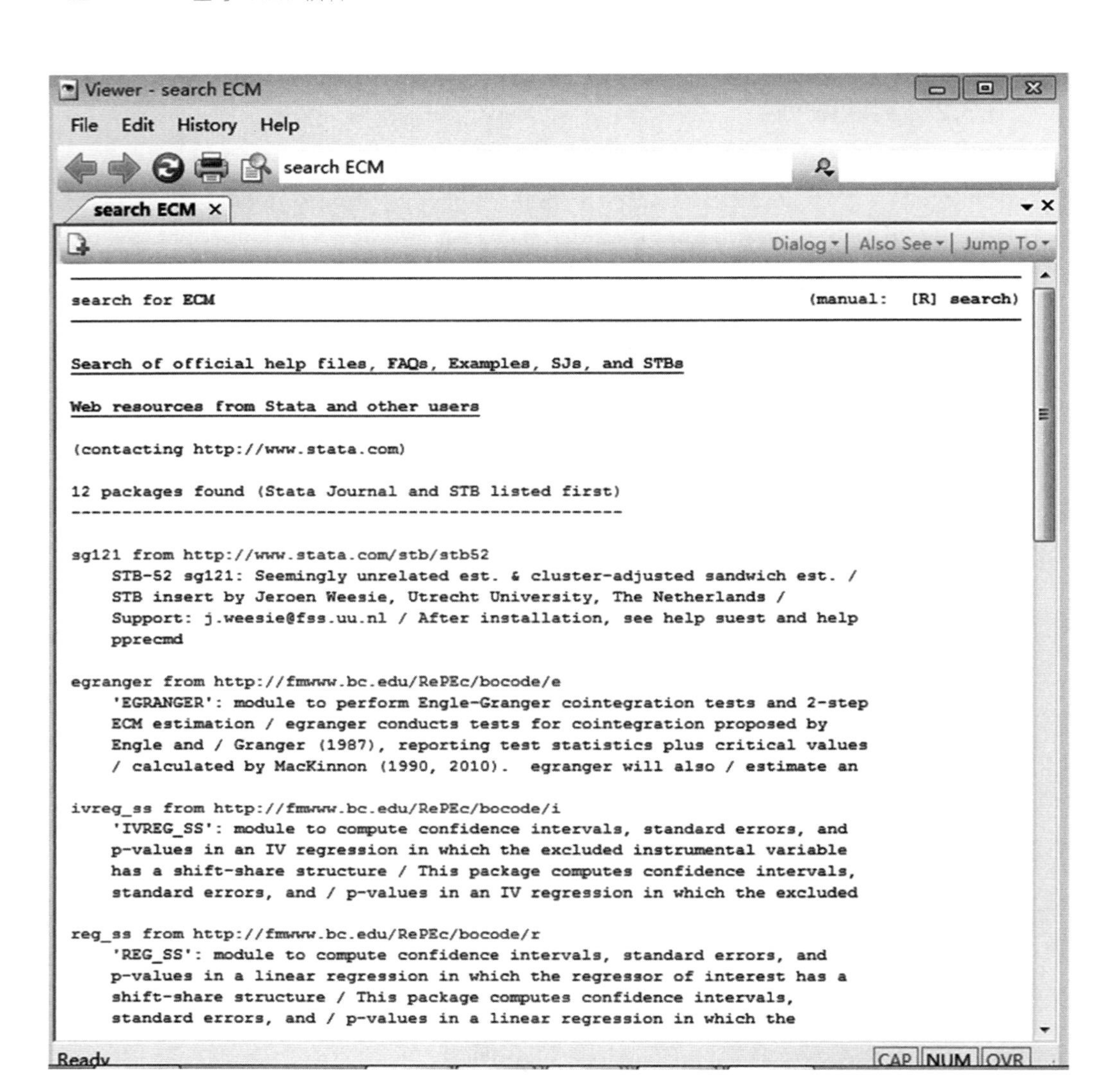

图6.9　窗口“Viewer”

STEP 12 在“Viewer”中进行选择，挑选“egranger”进行安装（图6.10）。双击“egranger from…”得到新窗口（图6.11），双击“click here to install”，跳出新窗口（图6.12），安装成功会在窗口显示安装完成信息。

```
    pprecmd

egranger from http://fmwww.bc.edu/RePEc/bocode/e
    'EGRANGER': module to perform Engle-Granger cointegration tests and 2-step
    ECM estimation / egranger conducts tests for cointegration proposed by
    Engle and / Granger (1987), reporting test statistics plus critical values
    / calculated by MacKinnon (1990, 2010).  egranger will also / estimate an
```

图6.10　窗口“Viewer”

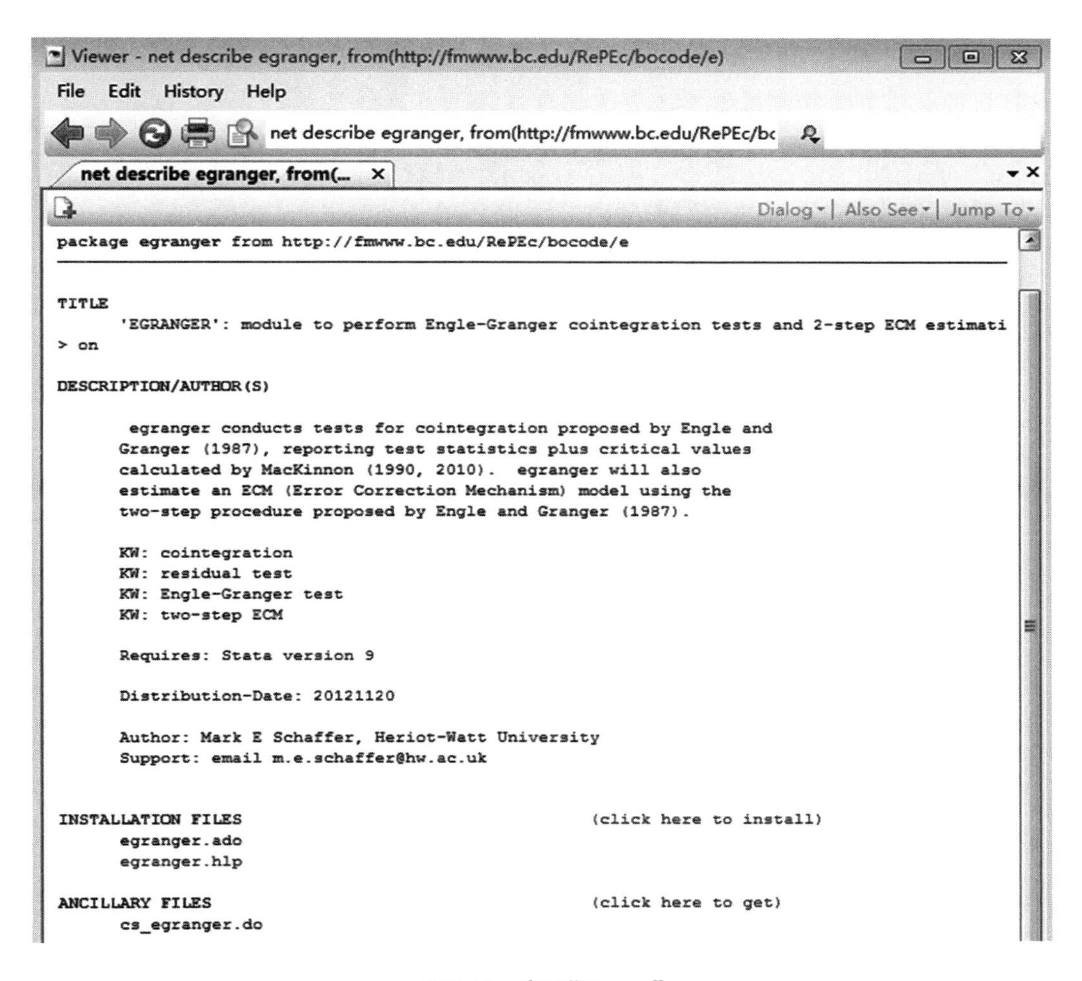

图6.11　窗口“Viewer”

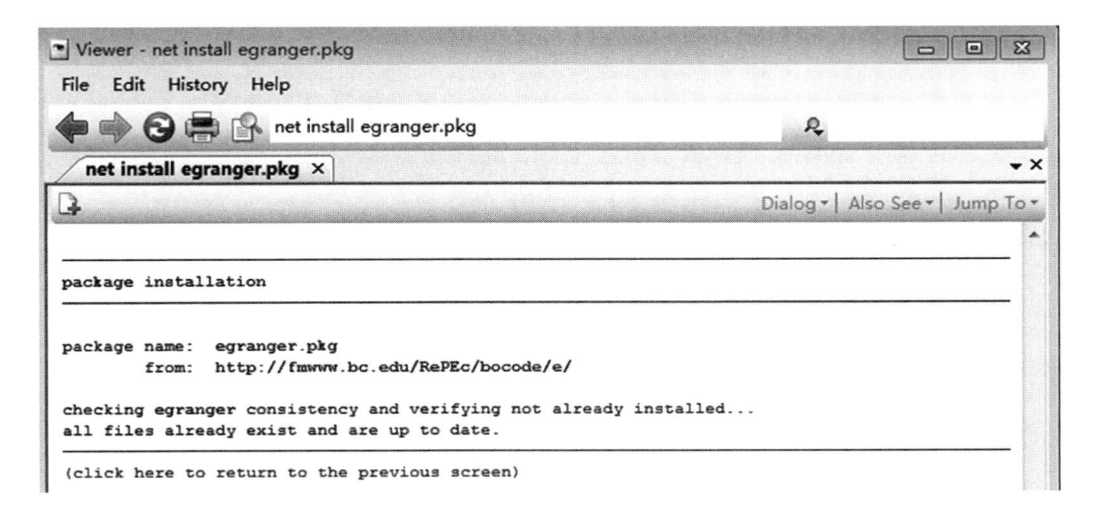

图6.12　窗口“Viewer”

STEP 13 阅读egranger的帮助文件,熟练该命令的操作语法。操作步骤:在工作区【Command】窗口中输入:

help egranger

敲击“回车(Enter)”,就会得到新窗口(图6.13)。

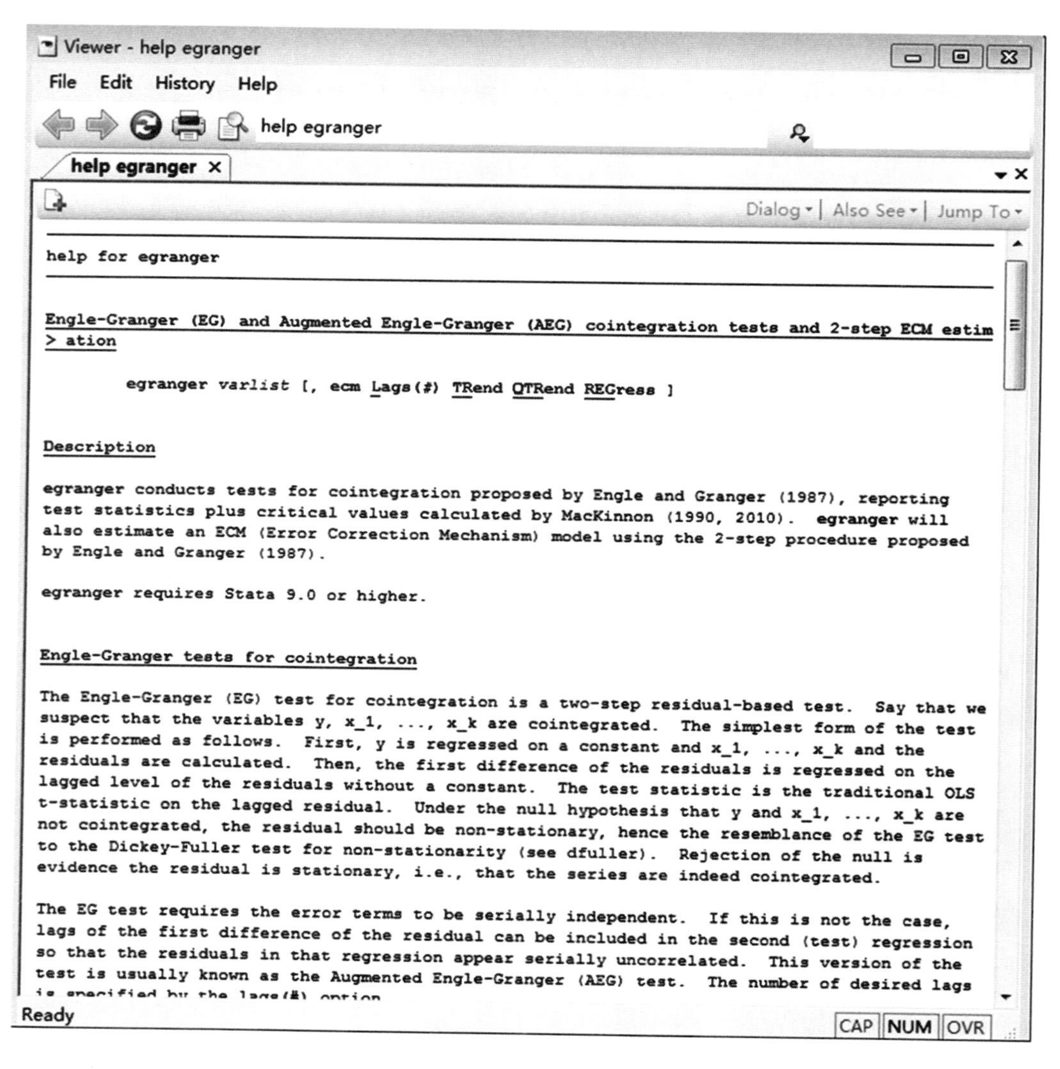

图6.13 窗口“Viewer”

STEP 14 构建ECM模型。在工作区【Command】窗口中输入:

egranger lny lnx, ecm

敲击“回车(Enter)”,就会在工作区【Results】窗口得到结果(图6.14)。

```
. egranger lny lnx, ecm
Replacing variable _egresid...

Engle-Granger 2-step ECM estimation                 N (1st step)  =        25
                                                    N (2nd step)  =        23

Engle-Granger 2-step ECM
```

D.lny	Coef.	Std. Err.	t	P>|t|	[95% Conf.	Interval]
_egresid						
L1.	.0704928	.26748	0.26	0.795	-.4874606	.6284462
lnx						
LD.	.6455193	.190395	3.39	0.003	.2483623	1.042676
_cons	.0327879	.0268625	1.22	0.236	-.0232463	.0888222

图6.14　工作区【Results】窗口

则ECM模型可以写成：

$$\nabla\ln\left(y_t\right) = 0.033 + 0.07ECM_{t-1} + 0.646\nabla\ln\left(x_{t-1}\right)。$$

参考文献

[1]易丹辉，王燕.应用时间序列分析（第五版）[M].北京：中国人民大学出版社，2019.

[2] Adkins L C. & Hill, R.C. Using Stata for Principles of Econometrics [M]. Fourth Edition. New York: John Wiley & Sons, Inc, 2011.

[3] Becketti, Sean. Introduction to Time Series Using Stata [M]. Texas: Stata Press, 2013.

[4] Boffelli S, Urga G. Financial Econometrics Using Stata [M]. Texas: Stata Press, 2016.

[5] Engle R F. Autoregressive Conditional Heteroskedasticity with Estimates of the Variance of U.K. Inflation [J]. Econometrics, 1982, 54(4): 987-1008.

[6] Mills T C. Time Series Econometrics A Concise Introduction [M]. New York: Palgrave Macmillan, 2015.

[7] Rabe-Hesketh S, Everitt B S. A Handbook of Statistical Analyses Using Stata [M]. Fourth Edition. New York: Chapman & Hall/CRC, 2007.

[8] Schaffer M E. egranger: Engle-Granger (EG) and Augmented Engle-Granger (AEG) cointegration tests and 2-step ECM estimation [EB/OL]. http://ideas.repec.org/c/boc/bocode/s457210.html, 2010.

附 录

表1 1978—2012年我国第三产业占国内生产总值的比例序列（%）(行数据)

23.9	21.6	21.6	22	21.8	22.4	24.8	28.7	29.1	29.6
30.5	32.1	31.5	33.7	34.8	33.7	33.6	32.9	32.8	34.2
36.2	37.8	39	40.5	41.5	41.2	40.4	40.5	40.9	41.9
41.8	43.4	43.2	43.4	44.6					

资料来源:中国国家统计局各年统计年鉴。

表2 1900—1998年全球7级以上地震发生次数序列(行数据)

13	14	8	10	16	26	32	27	18	32	36	24
22	23	22	18	25	21	21	14	8	11	14	23
18	17	19	20	22	19	13	26	13	14	22	24
21	22	26	21	23	24	27	41	31	27	35	26
28	36	39	21	17	22	17	19	15	34	10	15
22	18	15	20	15	22	19	16	30	27	29	23
20	16	21	21	25	16	18	15	18	14	10	15
8	15	6	11	8	7	13	10	23	16	15	25
22	20	16									

资料来源:National Earthquake Information Center. Different lists will give different numbers depending on the formula used for calculating the magnitude, 2015.

表3 科罗拉州某加油站连续57天的盈亏序列

78	-58	53	-63	13	-6	-16	-14
3	-74	89	-48	-14	32	56	-86
-66	50	26	59	-47	-83	2	-1
124	-106	113	-76	-47	-32	39	-30
6	-73	18	2	-24	23	-38	91

续 表

-56	-58	1	14	-4	77	-127	97
10	-28	-17	23	-2	48	-131	65
-17							

资料来源:Brockwell and Davis(1996)。

表4 1880—1985年全球气表平均温度改变值序列

单位:摄氏度

-0.40	-0.37	-0.43	-0.47	-0.72	-0.54	-0.47	-0.54	-0.39	-0.19
-0.40	-0.44	-0.44	-0.49	-0.38	-0.41	-0.27	-0.18	-0.38	-0.22
-0.03	-0.09	-0.28	-0.36	-0.49	-0.25	-0.17	-0.45	-0.32	-0.33
-0.32	-0.29	-0.32	-0.25	-0.05	-0.01	-0.26	-0.48	-0.37	-0.20
-0.15	-0.08	-0.14	-0.13	-0.12	-0.10	0.13	-0.01	0.06	-0.17
-0.01	0.09	0.05	-0.16	0.05	-0.02	0.04	0.17	0.19	0.05
0.15	0.13	0.09	0.04	0.11	-0.03	0.03	0.15	0.04	-0.02
-0.13	0.02	0.07	0.20	-0.03	-0.07	-0.19	0.09	0.11	0.06
0.01	0.08	0.02	0.02	-0.27	-0.18	-0.09	-0.02	-0.13	0.02
0.03	-0.12	-0.08	0.17	-0.09	-0.04	-0.24	-0.16	-0.09	0.12
0.27	0.42	0.02	0.30	0.09	0.05				

说明:平均温度为0摄氏度。

资料来源:James Hansen and Sergej Lebedeff(1987)。

表5 等时间间隔连续读取70个某次化学反应数据

47	64	23	71	38	64	55	41	59	48	71	35	57	40
58	44	80	55	37	74	51	57	50	60	45	57	50	45
25	59	50	71	56	74	50	58	45	54	36	54	48	55
45	57	50	62	44	64	43	52	38	59	55	41	53	49
34	35	54	45	68	38	50	60	39	59	40	57	54	23

资料来源:Box and Jenkins(1976)。

表6 1889—1970年美国国民生产总值平减指数序列(行数据)

25.9	25.4	24.9	24	24.5	23	22.7	22.1	22.2	22.9
23.6	24.7	24.5	25.4	25.7	26	26.5	27.2	28.3	28.1
29.1	29.9	29.7	30.9	31.1	31.4	32.5	36.5	45	52.6
53.8	61.3	52.2	49.5	50.7	50.1	51	51.2	50	50.4
50.6	49.3	44.8	40.2	39.3	42.2	42.6	42.7	44.5	43.9
43.2	43.9	47.2	53	56.8	58.2	59.7	66.7	74.6	79.6
79.1	80.2	85.6	87.5	88.3	89.6	90.9	94	97.5	100
101.6	103.3	104.6	105.8	107.2	108.8	110.9	113.9	117.6	122.3
128.2	135.3								

资料来源:Nelson and Plosser(1982),in file:cnelson/prgnp,Descripition:Annual GNP deflator,U.S.,1889 to 1970.

表7 1917—1975年美国23岁妇女每万人生育率序列

年份	每万人生育率	年份	每万人生育率
1917	183.1	1947	212
1918	183.9	1948	200.4
1919	163.1	1949	201.8
1920	179.5	1950	200.7
1921	181.4	1951	215.6
1922	173.4	1952	222.5
1923	167.6	1953	231.5
1924	177.4	1954	237.9
1925	171.7	1955	244
1926	170.1	1956	259.4
1927	163.7	1957	268.8
1928	151.9	1958	264.3
1929	145.4	1959	264.5
1930	145	1960	268.1
1931	138.9	1961	264
1932	131.5	1962	252.8
1933	125.7	1963	240
1934	129.5	1964	229.1

续 表

年份	每万人生育率	年份	每万人生育率
1935	129.6	1965	204.8
1936	129.5	1966	193.3
1937	132.2	1967	179
1938	134.1	1968	178.1
1939	132.1	1969	181.1
1940	137.4	1970	165.6
1941	148.1	1971	159.8
1942	174.1	1972	136.1
1943	174.7	1973	126.3
1944	156.7	1974	123.3
1945	143.3	1975	118.5
1946	189.7		

资料来源:Hipel and Mcleod (1994).

表8 1962—1991年德国工人季度失业率序列(%)(行数据)

1.1	0.5	0.4	0.7	1.6	0.6	0.5	0.7
1.3	0.6	0.5	0.7	1.2	0.5	0.4	0.6
0.9	0.5	0.5	1.1	2.9	2.1	1.7	2
2.7	1.3	0.9	1	1.6	0.6	0.5	0.7
1.1	0.5	0.5	0.6	1.2	0.7	0.7	1
1.5	1	0.9	1.1	1.5	1	1	1.6
2.6	2.1	2.3	3.6	5	4.5	4.5	4.9
5.7	4.3	4	4.4	5.2	4.3	4.2	4.5
5.2	4.1	3.9	4.1	4.8	3.5	3.4	3.5
4.2	3.4	3.6	4.3	5.5	4.8	5.4	6.5
8	7	7.4	8.5	10.1	8.9	8.8	9
10	8.7	8.8	8.9	10.4	8.9	8.9	9
10.2	8.6	8.4	8.4	9.9	8.5	8.6	8.7
9.8	8.6	8.4	8.2	8.8	7.6	7.5	7.6
8.1	7.1	6.9	6.6	6.8	6	6.2	6.2

资料来源:Time Series Models for Business and Economic Forecasting, Cambridge University, 1998.

表9 1948—1981年美国女性(20岁以上)月度失业率序列(行数据)

单位:每万人

446	650	592	561	491	592	604	635	580	510
553	554	628	708	629	724	820	865	1007	1025
955	889	965	878	1103	1092	978	823	827	928
838	720	756	658	838	684	779	754	794	681
658	644	622	588	720	670	746	616	646	678
552	560	578	514	541	576	522	530	564	442
520	484	538	454	404	424	432	458	556	506
633	708	1013	1031	1101	1061	1048	1005	987	1006
1075	854	1008	777	982	894	795	799	781	776
761	839	842	811	843	753	848	756	848	828
857	838	986	847	801	739	865	767	941	846
768	709	798	831	833	798	806	771	951	799
1156	1332	1276	1373	1325	1326	1314	1343	1225	1133
1075	1023	1266	1237	1180	1046	1010	1010	1046	985
971	1037	1026	947	1097	1018	1054	978	955	1067
1132	1092	1019	1110	1262	1174	1391	1533	1479	1411
1370	1486	1451	1309	1316	1319	1233	1113	1363	1245
1205	1084	1048	1131	1138	1271	1244	1139	1205	1030
1300	1319	1198	1147	1140	1216	1200	1271	1254	1203
1272	1073	1375	1400	1322	1214	1096	1198	1132	1193
1163	1120	1164	966	1154	1306	1123	1033	940	1151
1013	1105	1011	963	1040	838	1012	963	888	840
880	939	868	1001	956	966	896	843	1180	1103
1044	972	897	1103	1056	1055	1287	1231	1076	929
1105	1127	988	903	845	1020	994	1036	1050	977
956	818	1031	1061	964	967	867	1058	987	1119
1202	1097	994	840	1086	1238	1264	1171	1206	1303
1393	1463	1601	1495	1561	1404	1705	1739	1667	1599
1516	1625	1629	1809	1831	1665	1659	1457	1707	1607

续　表

1616	1522	1585	1657	1717	1789	1814	1698	1481	1330
1646	1596	1496	1386	1302	1524	1547	1632	1668	1421
1475	1396	1706	1715	1586	1477	1500	1648	1745	1856
2067	1856	2104	2061	2809	2783	2748	2642	2628	2714
2699	2776	2795	2673	2558	2394	2784	2751	2521	2372
2202	2469	2686	2815	2831	2661	2590	2383	2670	2771
2628	2381	2224	2556	2512	2690	2726	2493	2544	2232
2494	2315	2217	2100	2116	2319	2491	2432	2470	2191
2241	2117	2370	2392	2255	2077	2047	2255	2233	2539
2394	2341	2231	2171	2487	2449	2300	2387	2474	2667
2791	2904	2737	2849	2723	2613	2950	2825	2717	2593
2703	2836	2938	2975	3064	3092	3063	2991		

资料来源：Andrews & Herzberg（1985）.

表 10　2013 年 1 月 4 日至 2017 年 8 月 25 日上证指数每日收盘价序列（列数据）

2277	2156	2197	2066	2308	3298	4071	3628	2822	3103	3281
2285	2159	2193	2073	2316	3310	3726	3534	2917	3129	3287
2276	2143	2207	2067	2329	3336	3663	3564	2914	3125	3269
2275	2084	2206	2057	2290	3263	3789	3573	2925	3133	3289
2284	2073	2196	2037	2310	3280	3706	3539	2939	3148	3274
2243	1963	2186	2003	2344	3248	3664	3296	2934	3128	3276
2312	1960	2183	2020	2345	3241	3623	3288	2936	3171	3244
2326	1951	2201	2026	2348	3302	3757	3362	2927	3196	3222
2309	1950	2219	2027	2358	3286	3695	3125	2833	3210	3197
2285	1979	2221	2028	2364	3291	3662	3186	2842	3207	3171
2317	1995	2207	2010	2383	3349	3744	3017	2887	3205	3172
2328	2007	2223	2015	2389	3373	3928	3023	2873	3208	3173
2315	1994	2252	2011	2375	3449	3928	2950	2885	3193	3130
2321	2006	2247	2053	2366	3503	3886	3008	2889	3218	3135
2303	2007	2237	2051	2359	3577	3955	2901	2879	3248	3141
2291	1958	2238	2048	2374	3582	3965	2914	2906	3241	3152
2347	1965	2237	2025	2356	3617	3994	3008	2892	3242	3155

续　表

2359	2008	2204	2027	2341	3688	3748	2977	2854	3262	3144
2382	2073	2203	2005	2357	3691	3794	2880	2896	3277	3135
2385	2039	2196	2008	2340	3661	3664	2917	2913	3283	3127
2419	2059	2161	2025	2327	3682	3508	2939	2932	3250	3103
2428	2066	2151	2021	2302	3691	3210	2750	2930	3273	3079
2433	2045	2148	2035	2302	3787	2965	2736	2932	3244	3081
2434	2023	2128	2041	2290	3748	2927	2656	2989	3205	3053
2419	1993	2085	2035	2338	3810	3084	2738	3006	3200	3062
2432	2005	2090	2050	2373	3826	3232	2689	3017	3222	3084
2422	2044	2093	2041	2391	3864	3206	2750	3017	3215	3090
2383	2033	2106	2039	2420	3961	3167	2739	2988	3233	3113
2397	2021	2073	2038	2431	3995	3160	2781	2995	3153	3104
2326	2011	2101	2025	2431	3958	3080	2763	3049	3155	3090
2314	1976	2098	2041	2420	4034	3170	2746	3061	3141	3091
2326	1990	2116	2030	2426	4122	3243	2837	3054	3118	3076
2293	1994	2109	2031	2419	4136	3198	2867	3054	3123	3062
2313	2029	2083	2053	2473	4084	3200	2863	3044	3118	3064
2366	2029	2046	2055	2471	4195	3115	2860	3037	3103	3108
2360	2050	2047	2052	2494	4287	3005	2927	3028	3137	3110
2273	2061	2044	2071	2487	4217	3152	2903	3039	3140	3117
2326	2047	2028	2086	2479	4294	3086	2929	3013	3110	3103
2347	2045	2013	2067	2475	4398	3098	2741	3016	3123	3106
2324	2052	2010	2056	2458	4415	3157	2767	3050	3115	3092
2319	2101	2027	2024	2451	4394	3186	2688	2992	3102	3102
2311	2106	2023	2027	2453	4527	3116	2733	2994	3096	3140
2287	2100	2024	2024	2487	4476	3143	2850	2979	3104	3150
2264	2082	2005	2034	2534	4477	3092	2860	2953	3136	3158
2270	2068	1991	2026	2568	4442	3101	2874	2971	3159	3140
2278	2086	2008	2039	2605	4480	3038	2897	2978	3165	3154
2240	2073	2052	2037	2630	4299	3053	2901	2982	3154	3131
2257	2073	2042	2048	2683	4229	3143	2863	2977	3171	3132
2317	2067	2054	2050	2681	4112	3183	2805	3004	3162	3123
2324	2057	2033	2059	2763	4206	3288	2810	3026	3137	3144

续 表

2328	2096	2039	2063	2780	4334	3293	2859	3019	3119	3140
2327	2104	2050	2059	2900	4401	3262	2864	3003	3113	3156
2298	2101	2033	2060	2939	4376	3338	2870	3051	3103	3147
2301	2097	2044	2064	3022	4378	3391	2905	3125	3109	3158
2236	2098	2086	2039	2860	4309	3387	2955	3110	3113	3185
2237	2098	2104	2038	2941	4283	3425	3019	3110	3101	3191
2234	2123	2110	2047	2926	4418	3321	2999	3104	3123	3173
2228	2128	2098	2067	2938	4446	3369	3010	3108	3137	3188
2225	2122	2116	2070	2953	4529	3412	2961	3085	3143	3192
2212	2140	2135	2067	3022	4658	3430	2979	3090	3150	3196
2226	2213	2119	2056	3061	4814	3434	2958	3086	3159	3183
2226	2238	2143	2059	3058	4911	3375	2920	3068	3140	3207
2220	2241	2139	2054	3109	4942	3387	3001	3070	3157	3212
2207	2256	2114	2075	3127	4620	3383	3004	3070	3153	3218
2182	2236	2077	2078	3033	4612	3325	3010	3075	3167	3213
2195	2231	2034	2105	2973	4829	3317	3053	3085	3183	3203
2194	2186	2041	2127	3158	4911	3460	3051	3063	3197	3198
2198	2192	2047	2178	3168	4910	3523	3008	3067	3217	3218
2245	2221	2056	2183	3166	4947	3590	2985	3072	3218	3222
2242	2208	2075	2181	3235	5023	3647	3034	3091	3213	3176
2185	2199	2071	2202	3351	5132	3640	3024	3092	3230	3188
2218	2156	2053	2185	3351	5114	3650	3067	3096	3202	3231
2199	2160	2060	2223	3374	5106	3633	3082	3079	3240	3245
2178	2175	2058	2220	3293	5122	3581	3078	3022	3253	3238
2174	2198	1999	2217	3285	5166	3607	3034	3024	3261	3251
2205	2212	2001	2188	3229	5063	3605	3043	3003	3251	3244
2231	2191	1998	2194	3235	4887	3568	2973	3026	3253	3248
2236	2228	2019	2225	3222	4968	3617	2953	3023	3229	3250
2246	2238	2004	2222	3336	4785	3631	2959	3026	3242	3253
2233	2233	2024	2223	3376	4478	3610	2947	3042	3247	3273
2247	2193	2025	2206	3116	4576	3616	2965	3034	3230	3293
2242	2189	2022	2227	3173	4690	3648	2954	2980	3218	3285
2217	2194	1993	2239	3324	4528	3636	2946	2998	3234	3273
2225	2229	2048	2245	3343	4193	3436	2938	2988	3242	3262

续 表

2252	2211	2066	2240	3352	4053	3445	2993	2998	3241	3279
2283	2183	2067	2230	3383	4277	3456	2991	3005	3217	3282
2300	2164	2064	2241	3353	4054	3537	2998	3048	3213	3276
2305	2133	2047	2229	3306	3913	3585	2913	3065	3237	3262
2302	2134	2042	2207	3262	3687	3525	2832	3058	3239	3209
2276	2129	2033	2209	3210	3776	3537	2833	3061	3242	3237
2289	2160	2047	2196	3128	3727	3470	2837	3064	3269	3251
2293	2142	2059	2217	3205	3507	3472	2836	3041	3237	3246
2321	2150	2044	2236	3174	3709	3455	2827	3084	3251	3268
2324	2150	2059	2266	3137	3878	3435	2851	3085	3262	3269
2318	2157	2098	2289	3076	3970	3521	2844	3084	3245	3287
2301	2140	2105	2307	3095	3924	3510	2808	3091	3249	3290
2299	2129	2134	2326	3142	3806	3516	2807	3128	3269	3288
2272	2106	2131	2327	3158	3823	3580	2825	3132	3267	3272
2271	2109	2132	2318	3173	3957	3579	2844	3116	3253	3332
2242	2127	2102	2312	3204	3992	3642	2822	3112	3241	
2211	2088	2105	2332	3222	4018	3652	2815	3104	3210	
2148	2101	2099	2339	3247	4026	3636	2822	3100	3223	
2162	2136	2098	2297	3229	4124	3612	2821	3122	3270	

资料来源:雅虎财经数据库。

表11 美国1947年—2012年季度GDP数据

n	deflator	gdp	gdp2005	*n*	deflator	gdp	gdp2005
1	13.393	237.2	1770.7	131	44.301	2599.7	5868.3
2	13.598	240.4	1768	132	45.194	2659.4	5884.5
3	13.84	244.5	1766.5	133	46.144	2724.1	5903.4
4	14.182	254.3	1793.3	134	47.178	2728	5782.4
5	14.288	260.3	1821.8	135	48.256	2785.2	5771.7
6	14.405	267.3	1855.3	136	49.593	2915.3	5878.4
7	14.678	273.8	1865.3	137	50.851	3051.4	6000.6
8	14.726	275.1	1868.2	138	51.813	3084.3	5952.7
9	14.653	269.9	1842.2	139	52.73	3177	6025
10	14.503	266.2	1835.5	140	53.692	3194.7	5950

续 表

n	deflator	gdp	gdp2005	n	deflator	gdp	gdp2005
11	14.419	267.6	1856.1	141	54.421	3184.9	5852.3
12	14.421	265.2	1838.7	142	55.08	3240.9	5884
13	14.386	275.2	1913	143	55.864	3274.4	5861.4
14	14.433	284.5	1971.2	144	56.47	3312.5	5866
15	14.74	301.9	2048.4	145	56.929	3381	5938.9
16	15.032	313.3	2084.4	146	57.345	3482.2	6072.4
17	15.585	329	2110.7	147	57.929	3587.1	6192.2
18	15.688	336.6	2145.7	148	58.355	3688.1	6320.2
19	15.696	343.5	2188.5	149	59.096	3807.4	6442.8
20	15.871	347.9	2192.2	150	59.602	3906.3	6554
21	15.861	351.2	2214.3	151	60.081	3976	6617.7
22	15.886	352.1	2216.7	152	60.465	4034	6671.6
23	16.065	358.5	2231.6	153	61.136	4117.2	6734.5
24	16.109	371.4	2305.3	154	61.483	4175.7	6791.5
25	16.112	378.4	2348.4	155	61.736	4258.3	6897.6
26	16.142	382	2366.2	156	62.14	4318.7	6950
27	16.205	381.1	2351.8	157	62.456	4382.4	7016.8
28	16.24	375.9	2314.6	158	62.786	4423.2	7045
29	16.29	375.2	2303.5	159	63.143	4491.3	7112.9
30	16.301	376	2306.4	160	63.567	4543.3	7147.3
31	16.326	380.8	2332.4	161	64.16	4611.1	7186.9
32	16.368	389.4	2379.1	162	64.526	4686.7	7263.3
33	16.447	402.6	2447.7	163	65.033	4764.5	7326.3
34	16.513	410.9	2488.1	164	65.53	4883.1	7451.7
35	16.635	419.4	2521.4	165	66.068	4948.6	7490.2
36	16.801	426	2535.5	166	66.689	5059.3	7586.4
37	16.969	428.3	2523.9	167	67.442	5142.8	7625.6
38	17.068	434.2	2543.8	168	67.953	5251	7727.4
39	17.287	439.2	2540.6	169	68.723	5360.3	7799.9
40	17.354	448.1	2582.1	170	69.399	5453.6	7858.3
41	17.597	457.2	2597.9	171	69.855	5532.9	7920.6
42	17.717	459.2	2591.7	172	70.317	5581.7	7937.9
43	17.824	466.4	2616.6	173	71.166	5708.1	8020.8

续 表

n	deflator	gdp	gdp2005	n	deflator	gdp	gdp2005
44	17.825	461.5	2589.1	174	71.993	5797.4	8052.7
45	18.02	453.9	2519	175	72.655	5850.6	8052.6
46	18.072	458	2534.5	176	73.239	5846	7982
47	18.186	471.7	2593.9	177	74.026	5880.2	7943.4
48	18.271	485	2654.3	178	74.553	5962	7997
49	18.297	495.5	2708	179	75.133	6033.7	8030.7
50	18.314	508.5	2776.4	180	75.569	6092.5	8062.2
51	18.366	509.3	2773.1	181	75.954	6190.7	8150.7
52	18.443	513.2	2782.8	182	76.423	6295.2	8237.3
53	18.521	527	2845.3	183	76.778	6389.7	8322.3
54	18.579	526.2	2832	184	77.214	6493.6	8409.8
55	18.648	529	2836.6	185	77.677	6544.5	8425.3
56	18.7	523.7	2800.2	186	78.106	6622.7	8479.2
57	18.743	528	2816.9	187	78.466	6688.3	8523.8
58	18.785	539	2869.6	188	78.897	6813.8	8636.4
59	18.843	549.5	2915.9	189	79.311	6916.3	8720.5
60	18.908	562.6	2975.3	190	79.689	7044.3	8839.8
61	19.02	576.1	3028.7	191	80.163	7131.8	8896.7
62	19.047	583.2	3062.1	192	80.576	7248.2	8995.5
63	19.092	590	3090.4	193	81.038	7307.7	9017.6
64	19.152	593.3	3097.9	194	81.397	7355.8	9037
65	19.196	602.5	3138.4	195	81.78	7452.5	9112.9
66	19.233	611.2	3177.7	196	82.195	7542.5	9176.4
67	19.272	623.9	3237.6	197	82.67	7638.2	9239.3
68	19.418	633.5	3262.2	198	82.987	7800	9399
69	19.477	649.6	3335.4	199	83.25	7892.7	9480.8
70	19.529	658.9	3373.7	200	83.71	8023	9584.3
71	19.607	670.5	3419.5	201	84.251	8137	9658
72	19.703	675.6	3429	202	84.447	8276.8	9801.2
73	19.801	695.7	3513.3	203	84.742	8409.9	9924.2
74	19.887	708.1	3560.9	204	85.055	8505.7	10000.3
75	19.96	725.2	3633.2	205	85.198	8600.6	10094.8

续 表

n	deflator	gdp	gdp2005	*n*	deflator	gdp	gdp2005
76	20.088	747.5	3720.8	206	85.402	8698.6	10185.6
77	20.218	770.8	3812.2	207	85.729	8847.2	10320
78	20.391	779.9	3824.9	208	85.988	9027.5	10498.6
79	20.601	793.1	3850	209	86.371	9148.6	10592.1
80	20.791	806.9	3881.2	210	86.675	9252.6	10674.9
81	20.886	817.8	3915.4	211	86.998	9405.1	10810.7
82	20.997	822.3	3916.2	212	87.305	9607.7	11004.8
83	21.203	837	3947.5	213	88	9709.5	11033.6
84	21.438	852.7	3977.6	214	88.446	9949.1	11248.8
85	21.672	879.8	4059.5	215	88.979	10017.5	11258.3
86	21.899	904.1	4128.5	216	89.447	10129.8	11325
87	22.115	919.3	4156.7	217	90.054	10165.1	11287.8
88	22.426	936.2	4174.7	218	90.666	10301.3	11361.7
89	22.66	960.9	4240.5	219	90.952	10305.2	11330.4
90	22.952	976.1	4252.8	220	91.232	10373.1	11370
91	23.28	996.3	4279.7	221	91.555	10498.7	11467.1
92	23.581	1004.5	4259.6	222	91.965	10601.9	11528.1
93	23.915	1017.1	4252.9	223	92.363	10701.7	11586.6
94	24.247	1033.1	4260.7	224	92.894	10766.9	11590.6
95	24.438	1050.5	4298.6	225	93.543	10887.4	11638.9
96	24.752	1052.7	4253	226	93.815	11011.6	11737.5
97	25.126	1098.1	4370.3	227	94.337	11255.1	11930.7
98	25.455	1118.8	4395.1	228	94.818	11414.8	12038.6
99	25.711	1139.1	4430.2	229	95.643	11589.9	12117.9
100	25.918	1151.4	4442.5	230	96.45	11762.9	12195.9
101	26.319	1190.1	4521.9	231	97.149	11936.3	12286.7
102	26.475	1225.6	4629.1	232	97.874	12123.9	12387.2
103	26.731	1249.3	4673.5	233	98.776	12361.8	12515
104	27.083	1286.6	4750.5	234	99.437	12500	12570.7
105	27.403	1335.1	4872	235	100.46	12728.6	12670.5
106	27.828	1371.5	4928.4	236	101.3	12901.4	12735.6
107	28.37	1390.7	4902.1	237	102.06	13161.4	12896.4

续　表

n	deflator	gdp	gdp2005	n	deflator	gdp	gdp2005
108	28.932	1431.8	4948.8	238	102.95	13330.4	12948.7
109	29.488	1446.5	4905.4	239	103.72	13432.8	12950.4
110	30.192	1484.8	4918	240	104.19	13584.2	13038.4
111	31.085	1513.7	4869.4	241	105.38	13758.5	13056.1
112	32.015	1552.8	4850.2	242	106.1	13976.8	13173.6
113	32.757	1569.4	4791.2	243	106.45	14126.2	13269.8
114	33.245	1605	4827.8	244	106.96	14253.2	13326
115	33.864	1662.4	4909.1	245	107.59	14273.9	13266.8
116	34.463	1713.9	4973.3	246	108.3	14415.5	13310.5
117	34.837	1771.9	5086.3	247	109.16	14395.1	13186.9
118	35.208	1804.2	5124.6	248	109.3	14081.7	12883.5
119	35.686	1837.7	5149.7	249	109.72	13893.7	12663.2
120	36.331	1884.5	5187.1	250	109.59	13854.1	12641.3
121	36.943	1938.5	5247.3	251	109.66	13920.5	12694.5
122	37.47	2005.2	5351.6	252	109.94	14087.4	12813.5
123	37.927	2066	5447.3	253	110.36	14277.9	12937.7
124	38.758	2110.8	5446.1	254	110.79	14467.8	13058.5
125	39.326	2149.1	5464.7	255	111.16	14605.5	13139.6
126	40.05	2274.7	5679.7	256	111.64	14755	13216.1
127	40.716	2335.2	5735.4	257	112.4	14867.8	13227.9
128	41.575	2416	5811.3	258	113.12	15012.8	13271.8
129	42.318	2463.3	5821	259	113.84	15176.1	13331.6
130	43.362	2526.4	5826.4	260	114.08	15319.4	13429
				261	114.51	15461.8	13502.4

资料来源:http://www.stata-press.com/data/itsus/.

表12　1978—2002年中国农村居民家庭人均纯收入序列 $\{x_t\}$,生活消费支出序列 $\{y_t\}$ 及纯收入对数序列 $\{\ln x_t\}$,生活消费支出对数序列 $\{\ln y_t\}$

年份	纯收入		生活消费支出	
	x_t	$\ln x_t$	y_t	$\ln y_t$
1978	133.6	4.89485	116.1	4.75445
1979	160.7	5.07954	134.5	4.90156

续　表

年份	纯收入		生活消费支出	
	x_t	$\ln x_t$	y_t	$\ln y_t$
1980	191.3	5.25384	162.2	5.08883
1981	223.4	5.40896	190.8	5.25123
1982	270.1	5.59879	220.2	5.39454
1983	309.8	5.73593	248.3	5.51464
1984	355.3	5.87296	273.8	5.61240
1985	397.6	5.98545	317.4	5.76016
1986	423.8	6.04926	357.0	5.87774
1987	462.6	6.13686	398.3	5.98721
1988	544.9	6.30060	476.7	6.16689
1989	601.5	6.39943	535.4	6.28301
1990	686.3	6.53131	584.6	6.37093
1991	708.6	6.56329	619.8	6.42940
1992	784.0	6.66441	659.8	6.49194
1993	921.6	6.82611	769.7	6.64600
1994	1221.0	7.10743	1016.8	6.92442
1995	1577.7	7.36372	1310.4	7.17809
1996	1926.1	7.56325	1572.1	7.36017
1997	2090.1	7.64497	1617.2	7.38845
1998	2162.0	7.67879	1590.3	7.37168
1999	2210.3	7.70088	1577.4	7.36353
2000	2253.4	7.72020	1670.1	7.42064
2001	2366.4	7.76913	1741.0	7.46221
2002	2476.0	7.81440	1834.0	7.51425

资料来源：D.A.Nicols.Macroeconomic Determinants of Wage Adjustments in White Collar Occupations. Review of Economics and Statistics 65，1983：203-213。